西南交通大学"323实验室工程"系列教材

物理化学实验

主　编　郭　婷　孟　涛

副主编　童志平　方　伊　舒学彬

主　审　西南交通大学实验室及设备管理处

西南交通大学出版社

·成都·

图书在版编目（CIP）数据

物理化学实验 / 郭婷，孟涛主编. —成都：西南交通大学出版社，2011.7（2022.8 重印）
西南交通大学"322 实验室工程"系列教材
ISBN 978-7-5643-1268-8

Ⅰ. ①物… Ⅱ. ①郭… ②孟… Ⅲ. ①物理化学 – 化学实验 – 高等学校 – 教材 Ⅳ. ①O64-33

中国版本图书馆 CIP 数据核字（2011）第 137388 号

西南交通大学"323 实验室工程"系列教材

物 理 化 学 实 验

主编 郭婷 孟涛

责 任 编 辑	牛 君
封 面 设 计	本格设计
出 版 发 行	西南交通大学出版社 （四川省成都市二环路北一段 111 号 西南交通大学创新大厦 21 楼）
发 行 部 电 话	028-87600564　028-87600533
邮 政 编 码	610031
网　　址	http://www.xnjdcbs.com
印　　刷	四川煤田地质制图印刷厂
成 品 尺 寸	185 mm×260 mm
印　　张	8.375
字　　数	209 千字
版　　次	2011 年 7 月第 1 版
印　　次	2022 年 8 月第 5 次
书　　号	ISBN 978-7-5643-1268-8
定　　价	24.00 元

前　言

科学技术的迅猛发展和社会文明的不断进步对新时期高等院校的人才培养，尤其是学生的动手能力、思维能力和创新能力的提高，提出了新的要求。为了适应这些变化和发展，并充分考虑当前我国普通高校基础课教学现状以及不同学科专业对《物理化学实验》的不同要求，新版的《物理化学实验》立足原版，遵循以人为本的教学理念，在实验内容和编排、新仪器和技术的应用、图表设计、实验报告撰写等方面以及实践性、创新性上均有较大的改进。

在对西南交通大学近年来开展的物理化学实验教学改革情况进行系统总结的基础上，同时汲取兄弟院校的相关成果，广泛听取各方面的意见，编者整理、撰写了新版《物理化学实验》。全书由绪论、实验、仪器与操作技术、附录和实验报告五个部分组成。"绪论"主要介绍物理化学实验的目的要求、安全防护、实验误差与数据处理；"实验"紧密结合物理化学理论课教学内容，设置了热力学、平衡化学、电化学、动力学、表面化学和胶体化学五大板块共 10 个实验；"仪器与操作技术"重点介绍了一些相关的实验技术及常用仪器的原理、构造和使用方法；"附录"提供了一些基本数据以供实验者查找引用；"实验报告"指导学生科学地进行数据收集、处理和实验总结。本书重视基本概念，阐述简明严谨，同时贴合实际操作，强化对动手能力、思维能力与创新能力的培养，可作为高等学校物理化学实验课程教材，也可供相关科研部门从事研究与生产的技术人员参考。

本书由郭婷、孟涛主编，童志平、方伊、舒学彬参与编写和校正，在编写过程中得到了西南交通大学化学化工系全体教师的帮助和指导，以及我校实验室及设备管理处的支持，编者在此由衷地表示感谢。

鉴于编者水平有限，书中难免有不足之处，敬请老师和同学们批评指正。

编　者

2011 年 5 月于成都

目　录

第一章 绪 论

第一节 物理化学实验的目的要求

物理化学实验是化学实验科学的重要分支，也是研究物理和化学基本理论问题的重要方法。物理化学实验的特点是利用物理方法研究化学系统变化规律，通过实验的手段，研究物质的物理化学性质及这些性质与化学反应之间的某些重要规律。物理化学实验教学的主要目的是：

（1）通过物理化学实验，使学生初步了解物理化学的研究方法，掌握物理化学的基本实验技术和技能，并培养学生观察实验现象，正确记录和处理实验数据，以及分析问题和解决问题的能力。

（2）加深对物理化学基本理论和概念的理解并巩固所学的知识，给学生提供理论联系实际和理论应用于实践的机会。

（3）培养学生的动手能力，学会常用仪器的操作，了解先进新型仪器在物理化学实验中的应用。

（4）培养学生查阅文献资料的能力以及实事求是的科学态度，严肃认真、一丝不苟的科学作风。

作为本科阶段的一门基础实验课程，物理化学实验在培养学生踏实求真的科学态度，严谨细致的实验作风，熟练正确的实验技能，灵活创新的分析、解决问题的能力等方面，既和无机化学、分析化学、有机化学等其他化学实验课程具有相同的要求，又具有自身的特点。物理化学实验大都涉及比较复杂的物理测量仪器，每种测量技术往往都是建立在一套完整的化学原理或理论基础上的。因此，要特别注意理论和实验的结合，在进行每一个具体的实验时，要求做到以下几点：

1. 做好预习

学生在进实验室之前，必须认真仔细阅读实验内容，了解实验的目的要求及相关理论知识点，并写出预习报告。预习报告应包括：实验目的、实验仪器及试剂、实验原理、实验步骤、注意事项及预习中产生的疑难问题等。在达到预习要求后才能进行实验。

2. 实验前准备

学生进入实验室后不要急于动手做实验，首先应检查测量仪器和试剂是否符合实验要求，发现问题及时向教师提出，然后对照仪器进一步预习，并随时注意教师的提问和讲解，做好实验前准备工作，记录当时的实验条件。

3. 实验操作及注意事项

经教师同意后方可进行实验。仪器的使用要严格按照"仪器与操作技术"中规定的操作规程进行，不可妄动。在实验过程中，要仔细观察实验现象，及时记录原始数据，严格控制实验条件，发现异常现象应仔细查明原因，或请教师帮助分析处理。

实验完成后必须经教师检查，数据不合格的要及时返工重做，直至获得满意结果。实验数据应记录在原始数据纸上，养成良好的记录习惯，尽量采用表格形式，要求实事求是，详细准确，且注意整洁清楚，不得任意涂改。实验完毕，经教师签字后，方可离开实验室。

4. 实验报告

学生应独立完成实验报告，并在下次实验前及时送教师批阅。实验报告内容包括：实验目的、实验原理、实验步骤（前三项在预习中完成），以及原始数据、数据处理、误差分析与结果讨论、思考题。其中结果讨论是学生通过实验所获得的心得体会，对实验结果和实验现象的分析、归纳和解释，以及对实验的改进意见等。

第二节　物理化学实验的安全防护

物理化学实验的安全防护，是一个关系到培养良好的实验素质，保证实验顺利进行，确保实验者和国家财产安全的重要问题。物理化学实验室里，经常遇到高温、低温的实验条件，使用高气压（各种高压气瓶）、低气压（各种真空系统）、高电压、高频的仪器，而且许多精密的自动化设备使用日益普遍，因此需要实验者具备必要的安全防护知识，懂得应采取的预防措施，以及一旦发生事故应及时采取的处理方法。以下是实验者人身安全防护要点：

（1）实验者到实验室进行实验前，应首先熟悉仪器设备和各项急救设备的使用方法，了解实验楼的楼梯和出口，实验室内的电器总开关、灭火器具和急救药品的位置，以便一旦发生事故能及时采取相应的防护措施。

（2）大多数化学药品都有不同程度的毒性，原则上应防止任何化学药品以任何方式进入人体。必须注意，有许多化学药品的毒性在相隔很长时间以后才会显示出来；不要将使用少量、常量化学药品的经验，任意移用于大量化学药品的情况，更不应将常温、常压下实验的经验，在进行高温、高压、低温、低压的实验时套用；当进行有危险性或在极端条件下的反应时，应使用防护装置，戴防护面罩和眼镜。

实验时应尽量少与有致癌变性能的化学物质接触，确实需要使用时，应戴好防护手套，并尽可能在通风橱中操作。这些物质中特别要注意的是苯、四氯化碳、氯仿、1,4-二氧六环等常见溶剂，实验时通常用甲苯代替苯，用二氯甲烷代替四氯化碳和氯仿，用四氢呋喃代替1,4-二氧六环。

（3）许多气体和空气的混合物有爆炸组分界限，当混合物的组分介于爆炸高限与爆炸低限之间时，只要有适当的灼热源（如一个火花、一根高热金属丝）诱发，全部气体混合物便会瞬间爆炸。某些气体与空气混合的爆炸高限和低限，以其体积分数表示，参见表 1.2.1。

表 1.2.1　某些气体与空气混合的爆炸极限（20 ℃，$p^{\ominus}$）

气体	爆炸高限	爆炸低限	气体	爆炸高限	爆炸低限
	体积分数/%	体积分数/%		体积分数/%	体积分数/%
氢	74.2	4.0	乙醇	19.0	3.2
一氧化碳	74.2	12.5	丙酮	12.8	2.6
煤气	74.0	35.0	乙醚	36.5	1.9
氨	27.0	15.5	乙烯	28.6	2.8
硫化氢	45.5	4.3	乙炔	80.0	2.5
甲醇	36.5	6.7	苯	6.8	1.4

实验时应尽量避免能与空气形成爆鸣混合气的气体散逸到室内空气中，同时实验室应保持通风良好，不使某些气体在室内聚集而形成爆鸣混合气。实验需要使用某些与空气混合有可能形成爆鸣气的气体时，室内应严禁明火和使用可能产生电火花的电器等，禁穿鞋底上有铁钉的鞋子。

（4）在物理化学实验中，实验者要接触和使用各类电气设备，因此必须了解使用电气设备的安全防护知识：

① 实验室所用的市电为频率 50 Hz 的交流电。人体感觉到触电效应时电流约为 1mA，此时会有发麻和针刺的感觉；通过人体的电流达到 6～9 mA，一触就会缩手；再大的电流，会使肌肉强烈收缩，手抓住了带电体后便不能释放；电流达到 50 mA 时，人就有生命危险。因此使用电气设备安全防护的原则，是不要使电流通过人体。

② 通过人体的电流大小，决定于人体电阻和所加的电压。通常人体的电阻包括人体内部组织电阻和皮肤电阻。人体皮肤电阻为 1 kΩ（潮湿流汗的皮肤）到数万欧（干燥的皮肤）。因此，我国规定 36 V、50 Hz 的交流电为安全电压上限，超过 45 V 都是危险电压。

③ 电击伤人程度与通过人体的电流大小、通电时间长短、通电途径有关。电流若通过人体心脏或大脑，最易引起电击死亡，所以实验时不要用潮湿有汗的手去操作电器，不要用手紧握可能带电的电器，不应以两手同时触及电器，电器设备外壳均应接地。万一不慎发生触电事故，应立即切断电源开关，对触电者采取急救措施。

（5）灭火常识：

物质燃烧需要空气和一定的温度，所以通过降温或者将燃烧物质与空气隔绝，便能达到灭火的目的。一旦失火可采取以下措施：

① 停止加热和切断电源，避免引燃电线，把易燃、易爆的物质移至远处。

② 用湿布、石棉布、沙土灭火。

小火用湿布、石棉布覆盖在着火的物体上便可方便地扑灭火焰。对钠、钾等金属着火，通常用干燥的细沙覆盖，严禁使用某些灭火器如四氯化碳灭火器，因四氯化碳与钾、钠等发生剧烈反应，会强烈分解，甚至爆炸。

③ 使用灭火器。

不同的灭火器有不同的应用范围，不能随便使用。表 1.2.2 给出了常用灭火器及其应用范围。

表 1.2.2　灭火器种类及其应用范围

灭火器名称	应用范围
泡沫灭火器	由 $NaHCO_3$ 和 $Al_2(SO_4)_3$ 溶液作用产生 $Al(OH)_3$ 和 CO_2 泡沫，泡沫把燃烧物质包住，与空气隔绝而灭火。用于油类着火；因泡沫能导电，因此不能用于扑灭电器着火
二氧化碳灭火器	内装液态 CO_2，用于扑灭电器设备失火和小范围油类及忌水的化学品着火
1211 灭火器	内装 CF_2ClBr 液化气，适用于油类、有机溶剂、精密仪器、高压电器设备的灭火
干粉灭火器	内装 $NaHCO_3$ 等盐类物质与适量的润滑剂和防潮剂，用于油类、可燃气体、电器设备、精密仪器、图书文件等不能用水扑灭的火焰
四氯化碳灭火器	内装液态 CCl_4，用于电器设备和小范围的汽油、丙酮等的着火

（6）实验室中一般伤害的救护。

① 割伤：先挑出伤口的异物，然后用红药水、紫药水或消炎粉处理。

② 烫伤：涂抹烫伤药（如万花油），不要把烫的水泡挑破。

③ 酸伤：先用大量水冲洗，再用饱和碳酸氢钠溶液或稀氨水冲洗，最后再用水冲洗。

④ 碱伤：先用大量水冲洗，再用1%柠檬酸或硼酸溶液冲洗，最后用水冲洗。

⑤ 吸入有毒气体：如溴蒸气、氯气、氯化氢气体，可吸入少量酒精和乙醚的混合蒸气解毒；若吸入硫化氢气体后头晕，应到室外呼吸新鲜空气。

第三节　实验误差与数据处理

　　物理化学实验中经常要使用仪器对一些物理、化学量进行测量，从而对系统中的某些物理化学性质作出定量描述，以便发现事物的客观规律。实践证明，任何测量的结果都只能是相对准确的，或者说存在某种程度上的不可靠性，这种不可靠性被称为实验误差。产生误差的原因，是因为测量仪器、方法、实验条件以及实验者本身不可避免地存在一定的局限性。

　　对于不可避免的实验误差，实验者应了解其产生的原因、性质及有关规律，从而在实验中设法控制和减小误差，并对测量结果进行归纳取舍等适当处理，以达到可以接受的程度。

一、误差及其表示方法

1. 误差类别及减少误差的方法

　　根据误差的来源和特点，可将其分为系统误差（或称可测误差）和偶然误差（或称随机误差）两大类。

　　（1）系统误差。系统误差是由某些固定的原因所造成的，它对测定结果的影响比较恒定，使测量结果总是偏高或偏低，具有一定的规律性。产生系统误差的原因有：

　　① 仪器装置本身精密度有限，如仪器零位未调好，引入零位误差；指示的数值不正确，

如温度计、移液管、滴定管的刻度不准确，天平砝码不准，仪器系统本身的问题等。

② 仪器使用时的环境因素。如温度、湿度、气压等，发生定向变化所引起的误差。

③ 测量方法的限制。由于对测量中发生的情况没有足够的了解，或者由于考虑不周，以致一些在测量过程中实际起作用的因素，在测量结果表达式中没有得到反映；或者所用公式不够严格，以及公式中系数的近似性等，都会产生方法误差。

④ 所用化学试剂的纯度不符合要求。

⑤ 操作误差和主观误差。如记录某一信号的时间总是滞后，有人对颜色的感觉不灵敏或读数时眼睛的位置总是偏高或偏低等。在平行滴定时，估读滴定管最后一位数字时，常想使第二份滴定结果与前一份滴定结果相吻合，有"先入为主"的主观因素存在等。

对于系统误差可采取下列措施减免：

① 对照试验。用公认的标准方法与采用的测定方法对同一试样进行测定；或用已知含量的标准试样和待测样，同时用同一方法进行分析测定，求出校正因子，消除方法误差。对照试验是消除系统误差的最有效方法。

② 空白试验。在不加试样的情况下，按照试样的测定步骤和条件进行测定，所得结果称为空白值，从试样的测定结果中扣除空白值，就可消除由试剂差异、所用器皿引入杂质等所造成的系统误差。

③ 仪器校正。实验前对所使用的砝码、容量器皿或其他仪器进行校正，求出校正值，排除零位误差，提高测量准确度。

（2）偶然误差。偶然误差又称随机误差，是由测定过程中各种因素不可控制的随机变动所引起的误差，产生的直接原因往往难于发现和控制。如测定时温度、湿度、气压的微小波动，仪器性能的微量变化，个人辨别的差异等。随机误差在实验中总是不可避免地存在，并且无法加以消除，它构成了测量的最终限制。

偶然误差虽然由偶然因素引起，但其分布也有一定的规律，可用高斯方程表示：

$$y = \frac{1}{\sigma\sqrt{2\pi}}\exp\left[-\frac{(x-\mu)^2}{2\sigma^2}\right]$$

式中　　y —— 偶然误差的概率；

　　　　x —— 各个测定值；

　　　　σ —— 测定的标准偏差（关于 σ 的讨论见后）

　　　　μ —— 正态分布的总体平均值，在消除了系统误差后，即为真实值。

以横坐标表示偶然误差的值，纵坐标表示误差出现的概率，可得出偶然误差的分布曲线，如图 1.3.1 所示。

由图 1.3.1 可知偶然误差的规律：

① 绝对值相等的正误差、负误差出现的几率几乎相等；

② 小误差出现的几率大，大误差出现的几率小；

③ 很大误差出现的几率近乎为零；

④ 出现真实值的几率最大。

为了减少偶然误差，可适当增加测定次数。在消除系统误差的情况下，平行测定的次数越多，测得值的平均值越接近真实值。

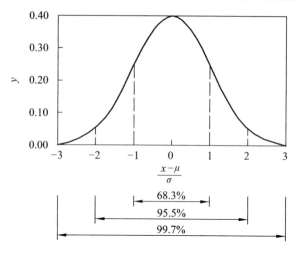

图 1.3.1 偶然误差的正态分布曲线

（3）过失误差。除了上述两类误差之外，还有过失误差。过失误差是由于操作者的疏忽大意，没有完全按照操作规程进行实验等原因造成的误差，如丢损试液、加错试剂、看错读数、记录出错、计算错误等。这类误差使测量结果与事实明显不符，无规律可循，需要通过加强责任心和认真工作来避免。判断是否发生过失误差必须慎重，应有充分的依据，最好重复实验检查，将有问题的数据予以剔除，不能参加平均值计算；如果经过细致实验后仍出现这个数据，要根据已有的科学知识判断是否有新的问题，或有新的发展，这在实践中是常有的事。

2. 误差的表示方法

（1）准确度。准确度是指测定值 x 与真实值 μ 的接近程度，一般以误差 E 表示。两者差值越小，测定结果的准确度越高。准确度的高低可用绝对误差和相对误差表示：

绝对误差 $\qquad E = x_i - \mu$

相对误差 $\qquad E_r = \dfrac{x_i - \mu}{\mu} \times 100\%$

绝对误差表示实验测定值与真实值之差，它具有与测定值相同的量纲；相对误差表示绝对误差在真实值中所占的比率，常用百分数表示。用相对误差表示测定结果的准确度更为确切、合理。

（2）精密度。精密度是指在相同条件下，反复多次测量同一试样，所得结果之间的一致程度。精密度常用偏差表示，偏差小说明精密度好。在实际工作中，真实值往往不知道，无法说明准确度的高低，因此常用精密度说明测定结果的好坏。偏差可用下列几种方式表示：

绝对偏差 $\qquad d_i = x_i - \overline{x}$

相对偏差 $\qquad d_r = \dfrac{d_i}{\overline{x}} \times 100\%$

平均偏差 $\qquad \overline{d} = \dfrac{\sum\limits_{i=1}^{n} |x_i - \overline{x}|}{n}$

相对平均偏差
$$\overline{d_r} = \frac{\overline{d}}{\overline{x}} \times 100\%$$

用数理统计方法处理数据时，常用标准偏差 s 和相对标准偏差 s_r 来衡量精密度：

标准偏差
$$s = \sqrt{\frac{\sum_{i=1}^{n} x_i^2 - n(\overline{x})^2}{n-1}}$$

相对标准偏差
$$s_r = \frac{s}{\overline{x}} \times 100\%$$

在实际的测定工作中，只可能作有限次数的测定，根据几率可以推导出在有限测定次数时的标准偏差 s：

$$s = \sqrt{\frac{\sum (x_i - \overline{x})^2}{n-1}}$$

从计算式分析可知，用标准偏差表示精密度比用平均偏差更准确，因为它将单次测定的偏差（$x_i - \overline{x}$）平方后，较大的偏差便显著地反映出来了，从而更好地说明了数据的分散程度。

应该指出，准确度和精密度是两个不同的概念。图 1.3.2 说明了二者的关系，甲、乙、丙、丁四人测定同一试样中的铁含量。甲的准确度、精密度均好，结果可靠；乙的精密度高，但准确度低；丙的准确度和精密度均差；丁的平均值虽然接近真实值，但由于精密度差，其结果也不可靠。可见精密度是保证准确度的先决条件，精密度差，所得结果不可靠；但精密度高不一定保证其准确度也高,因此需要将实验数据进一步验证。

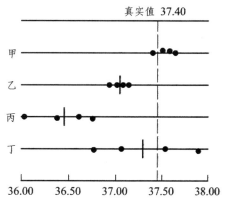

图 1.3.2 准确度和精密度的关系

二、有效数字及其运算规则

科学实验要得到准确的结果，不仅要求正确地选用实验方法和实验仪器测定各种量的数值，而且要求正确地记录和运算。实验所获得的数值，不仅表示某个量的大小，还反映出测量这个量的准确程度。因此，实验中各种量应采用几位数字，运算结果应保留几位数字都是很严格的，不能随意增减和书写。实验数值表示的正确与否，直接关系到实验的最终结果以及它们是否合理。

1. 有效数字

有效数字是指在实验中实际能够测量到的数字，其中包括若干个准确的数字和最后一位的不准确数字。

有效数字与数学上的数字含义不同。它不仅表示量的大小，还表示测量结果的可靠程度，同时反映出所用仪器和实验方法的准确度。例如，需称取"$K_2Cr_2O_7$ 8.4 g"，有效数字为两位，

这不仅说明了 $K_2Cr_2O_7$ 质量为 8.4 g，而且表明用精度为 0.1 g 的台秤称量就可以了；若需称取"$K_2Cr_2O_7$ 8.400 0 g"则表明须在精度为 0.000 1 g 的分析天平上称量，有效数字是 5 位。这里 8.4 g 和 8.400 0 g 二者精确程度相差了 1 000 倍，所以记录数据时不能随便写，任何超过或低于仪器准确限度的有效数字的数值都是不恰当的。

"0"在数字中的位置不同，其含义不同，有时算作有效数字，有时则不算：

（1）"0"在数字前，仅起定位作用，本身不算有效数字。如 0.001 24，数字"1"前面的三个"0"都不算有效数字，该数是三位有效数字。

（2）"0"在数字中间，算有效数字。如 4.006 中的两个"0"都是有效数字，该数是四位有效数字。

（3）"0"在数字后，也算有效数字。如 0.035 0 中，"5"后面的"0"是有效数字，该数是三位有效数字。

（4）以"0"结尾的正整数，有效数字位数不定。如 2 500，其有效数字位数可能是两位、三位甚至是四位。这种情况应根据实际测定的精确度改写成 2.5×10^3（两位），或 2.50×10^3（三位）等。

（5）pH，$\lg K$ 等对数的有效数字的位数仅由小数部分的位数确定，整数部分只说明这个数的方次，只起定位作用，不是有效数字。如 pH=10.20，其有效数字为两位，这是因为它由 $c(H^+) = 6.3 \times 10^{-11} \ \text{mol} \cdot \text{L}^{-1}$ 得来。

有效数字不会因为单位的不同而发生改变。如 2.1 g，若以 kg 为单位则是 2.1×10^{-3} kg；10 mL 即 10×10^{-3} L。

2. 有效数字的运算规则

在实验过程中，常需测定不同的物理、化学量，然后依据计算式计算结果。结果的有效数字位数应按有效数字运算规则确定。

（1）有效数字运算结果也应是有效数字，多余的数字按"四舍六入五成双"的规则进行修约。规则规定：当测量值中被修约的数字等于或小于 4 时，该数字舍弃；等于或大于 6 时，进位；等于 5 时，若 5 前面数字是奇数，进位；若 5 前面的数字是偶数，舍弃。根据这一规则，下列测量值修约成两位有效数字时，其结果应为

$$4.147 \rightarrow 4.1$$
$$6.262\ 3 \rightarrow 6.3$$
$$1.451\ 0 \rightarrow 1.4$$
$$2.550\ 0 \rightarrow 2.6$$
$$4.450\ 0 \rightarrow 4.4$$

（2）加减法运算中，结果的有效数字位数应以这几个数据中小数点后位数最少（即绝对误差最大）的一个数据为依据来进行修约。如

$$
\begin{array}{r}
0.135\ 72 \\
+)\quad 2.31 \\
\hline
2.445\ 72
\end{array}
$$

结果应为 2.44。

（3）乘除法运算：结果的有效数字位数应以这几个数据中有效数字位数最少（即相对误差最大）的一个数据为依据来进行修约。如

$$0.103\ 2 \times 10.1 = 1.04$$

（4）计算式中用到的常数，如 π、e 以及乘除因子 $\sqrt{3}$、1/2 等，可以认为有效数字的位数是无限的，不影响其他数字的修约。

（5）对数计算中，对数值小数点后的位数应与原数的有效数字位数相同，如

$$c\ (H^+) = 7.9 \times 10^{-5}\ mol \cdot L^{-1}$$

则 pH=4.10。

（6）大多数情况下，表示误差时，取一位有效数字就足够，最多取两位。

三、数据处理

在保证测定数据与测定精度一致后，一般应校正系统误差和剔除错误的测定结果。首先要把数据加以整理，剔除由于明显的原因而与其他测定结果相差甚远的那些数据。对于一些精密度不太高的可疑数据，可按照 Q 检验法（或根据实验要求的其他方法）决定取舍，然后计算数据的平均值、绝对偏差、平均偏差与标准偏差，最后按要求的置信度求出平均值的置信区间。

1. 置信度与平均值的置信区间

绝对偏差 d 和标准偏差 s 都是讨论测定值与平均值之间的偏差问题，为了表示出测定结果与真实值间的误差情况，还应进一步了解平均值与真实值之间的误差。

在正态分布曲线图 1.3.1 中，曲线上各点的横坐标是 $x_i - \mu$。其中 x_i 为每次测定的数值，μ 为总体平均值（真实值）。曲线上各点的纵坐标表示某个误差出现的频率，曲线与横坐标从 $-\infty$ 到 $+\infty$ 之间所包围的面积表示具有各种大小误差的测定值出现几率的总和（100%）。由计算可知，对于无限次数测定而言，在 $\mu-\sigma$ 到 $\mu+\sigma$ 区间内，曲线所包围的面积为 68.3%，即真实值落在 $\mu\pm\sigma$ 区间内的几率（称置信度）为 68.3%，还可算出落在 $\mu\pm2\sigma$ 和 $\mu\pm3\sigma$ 区间的几率分别为 95.5% 和 99.7%。

对于有限次数的测定，只计算平均值是不够的，还应该指出真实值 μ 与平均值 $\bar{x}$ 之间的关系

$$\mu = \bar{x} \pm \frac{ts}{\sqrt{n}}$$

式中 s——标准偏差；

       n——测定次数；

       t——在选定的某一置信度下的几率系数，可根据测定次数从表 1.3.1 查得。

利用上式可以计算出，在选定的置信度下，总体平均值（即真实值）在以测定平均值 $\bar{x}$ 为中心的多大范围内出现，这个范围称为平均值的置信区间。

从表 1.3.1 还可看出，在一定测定次数范围内，适当增加测定次数，可使 t 值减小，因而求得的置信区间的范围越窄，即测定平均值与总体平均值 μ 越接近。

表 1.3.1　对于不同测定次数及不同置信度的几率系数 t 值

测定次数 n	置 信 度				
	50%	90%	95%	99%	99.5%
2	1.000	6.314	12.706	63.657	127.32
3	0.816	2.292	4.303	9.925	14.089
4	0.765	2.353	3.182	5.841	7.453
5	0.741	2.132	2.276	4.604	5.598
6	0.727	2.015	2.571	4.032	4.787 3
7	0.718	1.943	2.447	3.707	4.317
8	0.711	1.895	2.365	3.500	4.029
9	0.706	1.860	2.306	3.355	3.832
10	0.703	1.833	2.262	3.250	3.690
11	0.700	1.812	2.228	3.169	3.581
21	0.687	1.725	2.086	2.845	3.153
∞	0.674	1.645	1.960	2.576	2.807

【例 1】 测定试样中 SiO_2 的质量分数,经校正系统误差后,得到下列数据:0.286 5、0.286 2、0.285 4、0.285 1、0.2855、0.286 6。求平均值、标准偏差、置信度分别为 90% 和 95% 时的平均值的置信区间。

解: $\bar{x} = \dfrac{0.286\,5 + 0.286\,2 + 0.285\,4 + 0.285\,1 + 0.285\,5 + 0.286\,6}{6} = 0.285\,9$

$$s = \sqrt{\dfrac{0.000\,6^2 + 0.000\,3^2 + 0.000\,5^2 + 0.000\,8^2 + 0.000\,4^2 + 0.000\,7^2}{6-1}} = 0.000\,6$$

查表 1.3.1,置信度为 90%,$n=6$ 时,$t=2.015$,则

$$\mu = 0.285\,9 \pm \dfrac{2.051 \times 0.000\,6}{\sqrt{6}} = 0.285\,9 \pm 0.000\,5$$

同理,对于置信度为 95%,$n=6$ 时,$t=2.571$,则

$$\mu = 0.285\,9 \pm \dfrac{2.571 \times 0.000\,6}{\sqrt{6}} = 0.285\,9 \pm 0.000\,7$$

计算结果,置信度为 90% 时,$\mu = 0.285\,9 \pm 0.000\,5$,即说明 SiO_2 含量的平均值为 28.59%,而且有 90% 的把握认为 SiO_2 的真实值 μ 在 28.54%～28.64% 之间。把两种置信度下的平均值置信区间相比较可知,如果真实值出现的几率为 95%,则平均值的置信区间将扩大为 28.52%～28.66%。

2. 可疑数据的取舍

在实际工作中,常常会遇到一组平行测定值中有个别数据可疑,在计算前必须对这种可疑值进行合理的取舍,现介绍一种确定可疑数据取舍的方法——Q 检验法。

当测定次数在 3～10 次时，根据所要求的置信度，按照下列步骤对可疑值进行检验，再决定取舍。

（1）将各数据按递增的顺序排列：x_1，x_2，…，x_n。假设 x_i 为可疑值。

（2）计算 Q 值

$$Q = \frac{x_i - x_{i-1}}{x_n - x_1} \quad \text{或} \quad Q = \frac{x_{i+1} - x_i}{x_n - x_1}$$

（3）根据测定次数 n 和要求的置信度（如 90%）查表 1.3.2 得出 $Q_{0.90}$。

（4）将 Q 与 $Q_{0.90}$ 相比，若 $Q > Q_{0.90}$ 则弃去可疑值，否则应予保留。

表 1.3.2　不同置信度下，舍弃可疑数据的 Q 值表

测定次数 n	$Q_{0.90}$	$Q_{0.95}$	$Q_{0.99}$	测定次数 n	$Q_{0.90}$	$Q_{0.95}$	$Q_{0.99}$
3	0.94	0.98	0.99	7	0.51	0.59	0.68
4	0.76	0.85	0.93	8	0.47	0.54	0.63
5	0.64	0.73	0.82	9	0.44	0.51	0.60
6	0.56	0.64	0.74	10	0.41	0.48	0.57

【例 2】某试样 5 次分析结果为 35.40%、37.20%、37.30%、37.40%、37.50%，在 90%置信水平下，计算测定结果的平均值，写出相应置信区间。

解：分析测定数据，35.40%是可疑值：

$$Q = \frac{37.20 - 35.40}{37.50 - 35.40} = 0.86$$

由表 1.3.2 查得，当 $n = 5$ 时，$Q_{0.90}=0.64$，因 $Q > Q_{0.90}$，应弃去 35.40%，此时测定结果的平均值和标准偏差计算结果如下：

$$\overline{x} = \frac{37.20 + 37.30 + 37.40 + 37.50}{4} = 37.35$$

$$s = \sqrt{\frac{(37.35 - 37.20)^2 + (37.35 - 37.30)^2 + (37.40 - 37.35)^2 + (37.50 - 37.35)^2}{4-1}} = 0.129\%$$

对于置信度 90%，$n = 4$，查表 1.3.1 得 $t ==2.353$，则

$$\mu = 37.35\% \pm \frac{2.353 \times 0.129}{\sqrt{4}}\% = 37.35\% \pm 0.15\%$$

计算结果表明，测定结果的平均值为 37.35%，而且有 90%的把握认为真实值在 37.20%～37.50%之间。

四、实验结果表达

1. 计算处理

对要求不太高的实验，一般只重复两三次，如数据的精密度好，可用平均值作为结果。如果一定要注明结果的误差，可根据方法误差求得，或者根据所用仪器的精密度估计出来。

对于要求较高的实验，往往要多次重复进行，所获得的一系列数据要经过严格处理，其具体做法是：① 整理数据；② 算出平均值；③ 算出各数据对平均值的误差；④ 计算平均偏差、标准偏差等。

2. 列表法

这是表达实验数据最常用的方法之一。将各种实验数据列入一种设计得体、形式紧凑的表格内，可起到化繁为简的作用，有利于对获得的实验结果进行相互比较，有利于分析和阐明某些实验结果的规律性。

设计数据表的原则是简单明了，列表时应注意以下几点：

（1）正确地确定自变量和应变量。一般先列自变量，再列应变量，将数据一一对应地列出。不要将毫不相干的数据列在同一张表内。

（2）表格应有序号和简明完备的名称，安置在表格的正上方，使人一目了然，一见便知其内容。如实在无法表达，也可在表名下用不同字体作简要说明，或在表格下方用附注加以说明。

（3）习惯上表格的横排称为"行"，竖行称为"列"，即"横行竖列"，自上而下为第1，2，…行，自左向右为第1，2，…列。变量可根据其内涵安排在列首（表格顶端）或行首（表格左侧），称为"表头"，应包括变量名称及量的单位。凡有国际通用代号或为大多数读者熟知的，应尽量采用代号，以便使表头简洁醒目。但切勿将量的名称和单位、代号相混淆。

（4）表中同一列数据的小数点对齐，数据按自变量递增或递减的次序排列，以便显示出变化规律。表列值是特大或特小的数时，可用科学计数法表示。若各数据的数量级相同，为简便起见，可将10的指数写在表头中量的名称旁边或单位旁边。

（5）直接测量的数值可与处理结果并列在一张表上，必要时在表下方注明数据的处理方法或计算公式。

列表法简单易行，便于参考比较，实验的原始数据一般采用列表法记录。

3. 图解法

图解法是将实验原始数据通过正确的作图方法画出合适的曲线（或直线），从而形象直观而且准确地表现出实验数据的特点、相互关系和变化规律，如极大、极小和转折点等，并能够进一步求解，获得斜率、截距、外推值、内插值等。因此，作图法是一种十分有效的实验数据处理方法。

（1）坐标纸。

用得最多的是直角坐标纸。半对数坐标纸和对数-对数坐标纸也常用到，前者两轴旁有一轴是对数标尺，后者两轴均为对数标尺。将一组测量数据绘图时，究竟用什么形式的坐标纸要尝试后才能确定（以获得线性图形为佳）。

（2）坐标轴。

用直角坐标纸作图时，以自变量为横轴，应变量（函数）为纵轴。坐标轴比例尺的选择对获得一幅良好的图形非常重要，一般遵循下列原则：

① 能表示出全部有效数字，使图上读出的各物理量的精密度与测量时的精密度一致。

② 方便易读。坐标纸每小格所对应的数值应能迅速、方便地读出和计算。例如，用坐标轴 1 cm 表示数量 1、2、5 或 10 都是适宜的，表示 3 或 4 就不太适宜，而表示 6、7、8、9

在一般场合下是不妥的。

③ 在前面两个条件满足的前提下，还应考虑充分利用图纸。若无必要，不必把坐标的原点作为变量的零点。曲线若为直线，或近似直线的曲线，则应被安置在图纸的对角线附近。

比例尺选定后，要画上坐标轴，在轴旁注明该轴变量的名称及单位。在纵轴的左面和横轴的下面每隔一定距离（如 2 cm 间距）写下该处变量应有的值，以便作图及读数，但不要将实验值写在轴旁。

（3）数据点和曲线。

实验数据点必须在图上明显地标出，可用△、×、○、●等不同符号标记，且应有相应的大小，它可粗略表明测量的误差范围。标好数据点后，按数据点的分布情况，作一曲线，表示数据点的平均变化情况。曲线不需要全部通过各点，只要使各点均匀地分布在曲线两侧邻近即可，或者更确切地说，是要使所有代表点离曲线距离的平方和最小，这就是最小二乘法原理。注意，个别偏离太远的点，绘制曲线时可不考虑。一般情况下，不绘成折线。

（4）图题及图坐标的标注。

每张图都应有序号和简明的标题（即图题），有时还应对测试条件等方面作简要说明，这些一般安置在图的正下方。

4．实验数据方程的拟合

图解法可以形象地表现出某一被测物理量随影响因素变化的趋势或规律，有时为了表达应变量与自变量之间的数量关系，还要用数学方程式。一般是根据所得的图形，凭借已有的知识和经验，试探选择某一函数关系式，并确定其中各参数值，最后对所得的函数关系式进行验证。

把数据拟合成直线方程要比拟合其他函数关系来得简单和容易。因此根据数据作图时，都希望能找到一个线性函数式。如果作了尝试以后，某种函数可以把有关数据转化为线性关系，则可认为这就是合适的函数关系式，由直线的斜率和截距可计算出方程中的常数。而后可根据所求的常数值写出原先的非线性方程式，并验证它与实验数据是否符合。

确定一个直线方程的常数值通常有三种方法：目测法、平均法、最小二乘法。

（1）目测法。

最简便的方法是用目测画出直线。这个方法用于许多场合都令人满意，所得的直线与根据一些数学方法计算的数值是一致的。

直线方程式的斜率和截距可从图上直接求得：由直线上两点 (x_1, y_1)，(x_2, y_2) 的坐标求出斜率，再求出截距

$$k = \frac{y_2 - y_1}{x_2 - x_1}$$

为使求得的 k 值更准确，所选的两点距离不能太近。还要注意，代入 k 表达式的数据是两点的坐标值，k 是两点纵横坐标差之比，而不是纵横坐标线长度之比。

目测图解法所得常数的精度不能满足要求时，常用平均法或最小二乘法进行计算，以求得较精确的数学方程式。

（2）平均法。

平均法需要有 6 个以上比较精密的数据。设线性方程式为 $y = kx + b$，原则上只要有两对

变量（x_1，y_1）、（x_2，y_2）就可以把 k、b 确定，但由于测定中有误差的存在，所以这样处理偏差较大，故采用平均值。具体的作法是：把数据按 x（或 y）的大小顺序排列，将它们分成相等的两组。一组包括前一半数据点，另一组为余下的后一半数据点。如果数据点为奇数，中间的一点可以任意归入一组，或者分成两半分别归入两个组。之后，再对每一组数据点的 x 轴坐标和 y 轴坐标分别求平均值。这样便确定了两个平均点，即（X_1，Y_1）和（X_2，Y_2）。

可以直接通过这两点画出直线，也可以用代数方法解两个联立方程：

$$\begin{cases} Y_1 = kX_1 + b \\ Y_2 = kX_2 + b \end{cases}$$

第二个方法就是把数据组合成两个联立方程，公式为

$$\sum Y = k \sum X + nb$$

更好的代数方法是先计算线性方程的斜率

$$k = \frac{Y_2 - Y_1}{X_2 - X_1}$$

把这个斜率及一个平均点的数值代入方程，便可解出 b。

$$y = kX + b$$

对实验数据作图有时会发现它们自身已分成两个组，这种情况下，最好利用已有的自然划分。在任何情况下，两平均点分开越远，则直线的精度就越高，因此两组数据不应交叉划分，这就是前述要按大小顺序来分组的原因（不允许把数据点按奇数点、偶数点分成两组）。

表 1.3.3 举例说明了这种平均法。由于加和的结果，有效数字的位数增加了，k 和 b 的数值比实验数据增加了一位有效数字。表中 8.11/4.5 其商值取 1.802 而不是 1.80，这是由于 1.802 的相对误差更接近于 8.11/4.5 的相对误差。

表 1.3.3　平均法处理直线方程

数　　据		第　一　组		第　二　组	
x	y	x	y	x	y
0.03	− 3.01	0.03	− 3.01		
0.95	− 0.97	0.95	− 0.97		
2.04	0.96	2.04	0.96		
3.11	3.08	3.11	3.08		
3.96	4.86	3.96/2	4.86/2	3.96/2	4.86/2
5.03	7.11			5.03	7.11
5.99	9.03			5.99	9.03
7.01	10.93			7.01	10.93
8.10	13.28			8.10	13.28
4、5组 数　据	加　和	8.11	2.49	28.11	42.78
	平　均	1.802	0.553	6.247	9.507
$k = (9.507 − 0.553) / (6.247 − 1.802) = 2.041$ $b = 0.553 − 1.802 × 2.014 = − 3.076$ $y = 2.014x − 3.076$					

（3）最小二乘法。

最小二乘法处理较繁琐，但结果可靠，它需要 7 个以上的数据。它的基本假设是残差的平方和为最小，即所有数据点和计算得到的直线之间的偏差的平方和为最小。通常为了数学上处理方便，假定残差只出现在应变量 y，且假定所有数据点都同样可靠。

对于第 i 个点，残差或偶然误差 re_i 为

$$re_i = y_i - \overline{y}_i = y_i - kx_i - b$$

式中　$\overline{y}_i$——变量的真实值；

　　　y_i——测量值。

残差的平方和为

$$\sum re_i^2 = \sum \left(y_i - kx_i - b\right)^2 \qquad (1.3.1)$$

此和是每个测量数据点与两个参数 k、b 的函数。不同的 k、b 值可定出一系列的直线，而 k、b 的数值则由数据点决定。残差的平方和随不同的直线，即不同的 k、b 值而变化。为了选择适当的 k、b 值，使其残差的平方和为最小值。可将方程（1.3.1）对 k 和 b 求导，令导数为零并解出这两个方程。若有 n 个数据点，则斜率和截距的表达式为

$$k = \frac{n\sum x_i y_i - \sum x_i \sum y_i}{n\sum x_i^2 - \left(\sum x_i\right)^2} \qquad (1.3.2)$$

$$b = \frac{\sum y_i \sum x_i^2 - \sum x_i \sum x_i y_i}{n\sum x_i^2 - \left(\sum x_i\right)^2} \qquad (1.3.3)$$

使用最小二乘法时，可如表 1.3.4 那样将数据列成表格，在各栏末尾算出加和结果，并把它代入方程（1.3.2）和（1.3.3），便可求得 k、b 的数值。

表 1.3.4　最小二乘法处理直线方程

x	y	x^2	xy
0.03	-3.01	0.000 9	-0.0903
0.95	-0.97	0.902 5	-0.9215
2.04	0.96	4.161 6	1.958 4
3.11	3.08	9.672 1	9.578 8
3.96	4.86	15.681 6	19.245 6
5.03	7.11	25.300 9	35.763 3
5.99	9.03	35.880 1	54.089 7
7.01	10.93	49.140 1	76.619 3
8.10	13.28	65.610 0	107.568 0
加和：36.22	45.27	206.349 8	303.811 3

$$k = \frac{n\sum x_i y_i - \sum x_i \sum y_i}{n\sum x_i^2 - \left(\sum x_i\right)^2} = \frac{9(303.811\,3) - (36.22)(45.27)}{9(206.349\,8) - (36.22)^2} = 2.008$$

$$b = \frac{\sum y_i \sum x_i^2 - \sum x_i \sum x_i y_i}{n\sum x_i^2 - \left(\sum x_i\right)^2} = \frac{(45.27)(206.349\,8) - (36.22)(303.811\,3)}{9(206.349\,8) - (36.22)^2} = -3.049$$

$$y = 2.008x - 3.049$$

上述计算中包含了大量繁复的运算，任何一步运算错误都会导致最后计算失败。所以最好在得出回归方程后进行验算，其方法是检验下式是否成立

$$\sum y = k\sum x + n b$$

在最小二乘法数字运算过程中，不宜过早地修约数字，应在得出 k、b 的具体数值后，再做合理修约，常数 k 和 b 常保留三或四位有效数字。

可以看到，采用两种不同的常用方法处理同一批数据，得到了两条不同的最佳直线：

平均法　　　　　　　　　$y = 2.014x - 3.076$

最小二乘法　　　　　　　$y = 2.008x - 3.049$

就实验误差来看这两个方程都是正确的。即两者之间的差异要比测量 y 值时的实验误差来得小，同时比起对误差分布的各种假定而产生的误差来说也要小些。因此，除非数据十分分散，否则只要用计算器进行处理，觉得哪种方法最简便，那就是最好的方法。

在求直线方程的参数时，有一点必须注意，就是计算出来的直线应与有关数据点同时绘图，以表示数据点的分布情况。倘若数据点的分布是无规则的，没有一定的趋向，可用直线加以描述。然而要是数据点的分布有规律的偏离，则用曲线描述数据点的变化更好些，如纯液体饱和蒸气压对温度的曲线。

采用回归分析的计算软件，将使实验数据方程拟合变得极为简便。如软件 Curve Expert，只要输入测量的数据，计算机即可自动拟合，进行线性回归、多项式回归以及非线性回归，并能给出相关系数和图表。其他如 MATLAB、SPSS 等软件中也有回归分析和作图等功能。

第二章 实 验

第一节 热力学实验

实验一 凝固点降低法测定摩尔质量

一、实验目的

(1) 用凝固点降低法测定萘的摩尔质量;
(2) 掌握精密电子温差仪的使用方法。

二、基本原理

非挥发性溶质二组分溶液,其稀溶液具有依数性,凝固点降低就是依数性的一种表现。根据凝固点降低的数值,可以求溶质的摩尔质量。对于稀溶液,如果溶质和溶剂不生成固溶体,固态是纯的溶剂,在一定压力下,固体溶剂与溶液达到平衡的温度叫做溶液的凝固点。溶剂中加入溶质时,溶液的凝固点比纯溶剂的凝固点低,其凝固点降低值 ΔT_f 与溶质的质量摩尔浓度 b 成正比。

$$\Delta T_f = T_f^0 - T_f^b = K_f b \tag{2.1.1}$$

式中　T_f^0 ——纯溶剂的凝固点;

　　　T_f^b ——浓度为 b 的溶液的凝固点;

　　　K_f ——溶剂的凝固点降低常数。

若已知某种溶剂的凝固点降低常数 K_f ,并测得溶剂和溶质的质量分别为 m_A , m_B 的稀溶液的凝固点降低值 ΔT_f ,则可通过下式计算溶质的摩尔质量 M_B 。

$$M_B = \frac{K_f m_B}{\Delta T_f m_A} \tag{2.1.2}$$

式中　K_f 的单位为 $K \cdot kg \cdot mol^{-1}$ 。

凝固点降低值的大小,直接反映了溶液中溶质有效质点的数目。如果溶质在溶液中有离解、缔合、溶剂化和配合物生成等情况,均会影响溶质在溶剂中的表观相对分子质量。因此凝固点降低法也可用来研究溶液的一些性质,如电解质的电离度、溶质的缔合度、活度和活度系数等。

　　纯溶剂的凝固点为其液相和固相共存的平衡温度。若将液态的纯溶剂逐步冷却，在未凝固前温度将随时间均匀下降，开始凝固后因放出凝固热而补偿了热损失，体系将保持液固两相共存的平衡温度而不变，直至全部凝固，温度再继续下降，其冷却曲线如图 2.1.1 中曲线 1 所示。但实际过程中，当液体温度达到或稍低于其凝固点时，晶体并不析出，这就是所谓的过冷现象。此时若加以搅拌或加入晶种，促使晶核产生，则大量晶体会迅速形成，并放出凝固热，使体系温度迅速回升到稳定的平衡温度；待液体全部凝固后温度再逐渐下降，其冷却曲线如图 2.1.1 中曲线 2 所示。

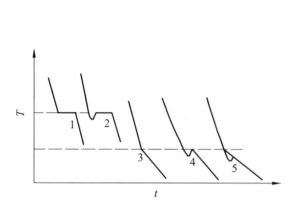

图 2.1.1　纯溶剂和溶液的冷却曲线　　　　图 2.1.2　外推法求纯溶剂和溶液的凝固点

　　溶液的凝固点是该溶液与溶剂的固相共存的平衡温度，其冷却曲线与纯溶剂不同。当有溶剂凝固析出时，剩余溶液的浓度逐渐增大，因而溶液的凝固点也逐渐下降。因有凝固热放出，冷却曲线的斜率发生变化，即温度的下降速度变慢，如图 2.1.1 中曲线 3 所示。

　　本实验要测定已知浓度溶液的凝固点。如果溶液过冷程度不大，析出固体溶剂的量很少，对原始溶液浓度影响不大，则以过冷回升的最高温度作为该溶液的凝固点，如图 2.1.1 中曲线 4 所示。

　　确定凝固点的另一种方法是外推法，如图 2.1.2 所示，首先记录绘制纯溶剂与溶液的冷却曲线，作曲线后面部分（已经有固体析出）的趋势线并延长使其与曲线的前面部分相交，其交点就是凝固点。

三、仪器及试剂

仪器：凝固点测定仪　1 套　　　　水银温度计（分度值 0.1 ℃）　1 支
　　　贝克曼温度计　1 支　　　　　或精密温差仪　1 台
　　　压片机　1 台　　　　　　　　酒精温度计　1 支
　　　移液管（25 mL）　1 支　　　烧杯（1 000 mL）　1 只
试剂：萘（分析纯）　环己烷（分析纯）　碎冰

四、实验步骤

可以采用两种方法测得凝固点降低值 ΔT_f。

1. 通过观察温度回升的最高点确定纯溶剂和溶液的凝固点

（1）熟悉贝克曼温度计或精密温差仪的使用方法。

（2）安装实验装置。实验装置如图 2.1.3 所示，检查测温探头，要求洁净，可以用环己烷清洗测温探头并晾干。冰水浴槽中准备好冰和水，温度最好控制在 3.5 ℃ 左右。用移液管取 25.00 mL（或用 0.01 g 精度的天平称量 20.00 g 左右）分析纯的环己烷注入已洗净干燥的凝固点管中。注意冰水浴高度要超过凝固点管中环己烷的液面。将贝克曼温度计或精密电子温差仪的测温探头擦干，插入凝固点管中，注意测温探头应位于环己烷的中间位置，检查搅拌杆，使之能顺利上下搅动，不与测温探头和管壁接触摩擦。

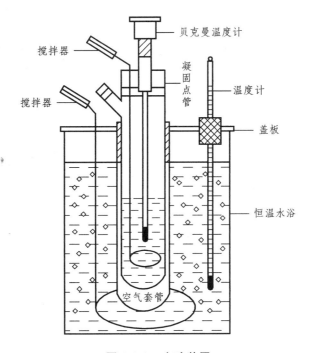

图 2.1.3 实验装置

（3）环己烷凝固点的测定。先粗测凝固点，将凝固点管直接浸入冰水浴中，平稳搅拌使之冷却，当开始有晶体析出时，放入外套管中继续缓慢搅拌，待温度较稳定温差仪的示值变化不大时，按温差仪的"设定"按钮。此时温差仪显示为"0.000"，也就是环己烷的近似凝固点。取出凝固点管，用手微热，使结晶完全熔化（不要加热太快太高）。然后将凝固点管放入冰水浴中，均匀搅拌。当温度降到比近似凝固点高 0.5 K 时，迅速将凝固点管从冰水浴中拿出，擦干，放入外套管中继续冷却到比近似凝固点低 0.2～0.3 K，开始轻轻搅拌，此时过冷液体因结晶放热而使温度回升，此稳定的最高温度即为纯环己烷的凝固点。使结晶熔化，重复操作，直到取得三个偏差不超过 ±0.005 K 的数据为止。

（4）溶液凝固点的测定。用分析天平称量压成片状的萘 0.10～0.12 g，小心地从凝固点支管加入凝固点管中，搅拌使之全部溶解。同上法先测溶液的近似凝固点，再准确测量精确凝固点，注意最高点出现的时间很短，需仔细观察。测定过程中冷却度不得超过 0.2 K，偏差不得超过 0.005 K。

2. 通过作步冷曲线测得纯溶剂和溶液的凝固点

检查测温探头，要求洁净，可以用环己烷清洗测温探头并晾干。准备冰块，将冰从容器中取出，用布包好，用木锤砸成碎块备用。准备冰水浴。按图 2.1.3 所示将仪器安装好。

（1）纯溶剂环己烷凝固点的测定：记录此时室温，取 25.00 mL 环己烷放入洗净干燥的凝固点管中，将精密温差仪的测温探头插入凝固点管中，注意测温探头应位于环己烷液体的中间位置。将凝固点管直接放入冰水浴中，均匀缓慢地搅拌，1～2 s 一次为宜。观察温度变化，当温度显示基本不变或变化缓慢时，说明此时液相中开始析出固相，按精密温差仪的"设定"按钮，此时温差仪显示为"0.000"，也就是环己烷的近似凝固点。

（2）将凝固点管从冰水浴中拿出，用毛巾擦干管外壁的水，用手温热凝固点管使结晶完全熔化，至精密温差仪显示 6～7 ℃，将凝固点管放入作为空气浴的外套管中，均匀缓慢搅拌，1～2 s 一次为宜。定时读取并记录温度，温差仪每 30 s 鸣响一次，可依此定时读取温度值。当样品管里面液体中开始出现固体时，再继续操作、读数约 10 min。注意：判断样品管中是否出现固体，不是直接观察样品管里面，而是从记录的温度数据上判断，即温度由下降较快变为基本不变的转折处。重复本步骤 1 次。

（3）溶液凝固点的测定：精确称取萘 0.100 0～0.120 0 g，小心加入到凝固点管中的溶剂中，注意不要让萘粘在管壁，并使其完全溶解。注意在使萘溶解时，不得取出测温探头，溶液的温度不宜过高，以免超出精密温差测量仪的量程。

（4）待萘完全溶解形成溶液后，将凝固点管放入作为空气浴的外套管中，同上法定时读取记录温度。重复本步骤 1 次。

（5）实验完毕，将环己烷溶液倒入回收瓶。

五、注意事项

（1）测温探头擦干后再插入凝固点管。不使用时注意妥善保护测温探头。
（2）加入固体样品时要小心，勿粘在壁上或撒在外面，以保证量的准确。
（3）熔化样品和溶解溶质时切勿升温过高，以防超出温差仪量程。

实验二 燃烧热的测定

一、实验目的

（1）掌握燃烧热的定义，了解恒压燃烧热与恒容燃烧热的差别及相互关系；
（2）熟悉氧弹量热计的原理、构造及学习用氧弹量热计测定样品的燃烧热；
（3）学习用雷诺图解法校正温度改变值。

二、基本原理

1. 热效应与量热

根据热化学的定义，1 mol 物质完全氧化时的反应热称为燃烧热。所谓完全氧化是指 C→CO_2（g），H_2→H_2O（l），S→SO_2（g），N、卤素、银等元素变为游离状态。如有机化合物中的 C→CO（g）就不能认为是完全氧化。

量热法是热力学的一种基本实验方法。在恒容或恒压条件下可以分别测得物质的恒容燃烧热 Q_V 和恒压燃烧热 Q_p。由热力学第一定律可知：在不做非膨胀功的情况下，Q_V 等于系统的热力学能变化量 ΔU，Q_p 等于其焓变 ΔH。若把参加反应的气体和反应生成的气体作为理想气体处理，则它们之间存在以下关系

$$\Delta H = \Delta U + \Delta(pV) \tag{2.2.1}$$

$$Q_p = Q_V + \Delta nRT \tag{2.2.2}$$

式中　　Δn ——可近似视为反应前后气体的物质的量之差；

　　　　T ——反应时的热力学温度（K）；

　　　　R ——摩尔气体常数（J·mol^{-1}·K^{-1}）。

一般物理化学手册上给出的热化学数据为 Q_p，如果实验测出的是 Q_V，则可通过式（2.2.2）进行换算。燃烧热的测定除了有其实际应用价值外，还可用于求算化合物的生成热、键能等。

2. 氧弹量热计及燃烧热的测定

量热计的种类很多，本实验所用的氧弹量热计是一种环境恒温式量热计，测量装置如图 2.2.1 所示，图 2.2.2 是氧弹的剖面图。氧弹量热计的基本原理是能量守恒定律。将实验物质用压片机压成片状，连接一根细铁丝供点火用，装入氧弹内，并充入高压氧气以保证样品完全燃烧。将氧弹放置在装有一定量水的内水桶中，水桶外是空气隔热层，再外面是温度恒定的水夹套。通过一套附加的电气控制箱来实现点火燃烧。样品在体积固定的氧弹中完全燃烧放出的热和点火丝燃烧放出的热，大部分被内水桶中的水吸收，另一部分则被氧弹、水桶、搅拌器及温度计等所吸收。在量热计与外界环境没有热交换的理想情况下，可写出如下的热

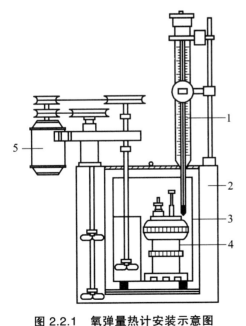

图 2.2.1　氧弹量热计安装示意图

1—贝克曼温度计；2—恒温夹套；3—盛水桶；
4—氧弹；5—搅拌器

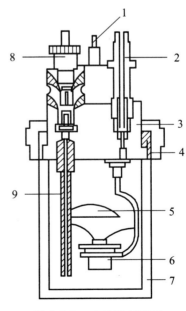

图 2.2.2　氧弹的剖面图

1—电极；2—排气口；3—弹盖；4—螺帽；5—火焰遮板；
6—燃烧皿；7—耐压钢桶；8—电极；9—进气管

量平衡式：

$$-\left(q_{丝}\times m_{丝}+Q_V\times\frac{m}{M}\right)=C\times\Delta T \tag{2.2.3}$$

式中　　$q_{丝}$——点火丝的燃烧热（$kJ\cdot g^{-1}$）；

　　　　$m_{丝}$——实验中燃烧了的点火丝的质量（g）；

　　　　m——样品的质量（g）；

　　　　M——样品的摩尔质量（$g\cdot mol^{-1}$）；

　　　　C——在既定的实验条件下，体系的总热容（$kJ\cdot K^{-1}$），也称量热计常数，可由燃烧已知燃烧热的标准物质求出；

　　　　ΔT——体系在反应前后的温差（K）。

3. 雷诺温度校正

由公式（2.2.3）可见，测量样品的燃烧热，关键是准确测量样品燃烧时引起的温度升高值ΔT，然而ΔT的准确度除了与测量温度计有关外，还与其他许多因素有关，如热传导、蒸发、对流和辐射等引起的热交换，搅拌器搅拌时所产生的机械热等。它们对ΔT的影响规律相当复杂，很难逐一加以校正并获得统一的校正公式。因此，一方面从实验技术上考虑，可预先调节水夹套的水温，设计成放热初期内水桶比水夹套的水温低，而放热后期又比水夹套的水温高，如此，前后期的"热漏"方向相反，则能部分或完全相互抵消；而另一方面，可用雷诺（Reynolds）温度图解法对ΔT进行校正。

如图 2.2.3（a），将燃烧前后历次记录的温度（此温度为相对值，即贝克曼温度计或数字式精密温差测量仪的读数）对时间作图，连成$ABCD$曲线。图中B点相当于开始燃烧之点，C点为观察到的最高的温度读数点。分别作点燃之前（AB）和燃烧后期（DC）的切线并用虚线延长，在燃烧期内过O点作一垂线使其分别与延长线交于E、F点。该垂线应使截面积S_{BFO}和S_{CEO}相等，则E、F两点的温差即为校正后的ΔT数值。图中FF'表示由于环境辐射和搅拌引进的热量而造成量热计温度的升高，必须扣除之；EE'表示由于量热计向环境辐射出热量

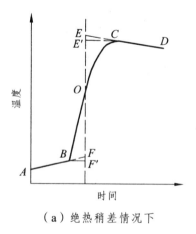

（a）绝热稍差情况下

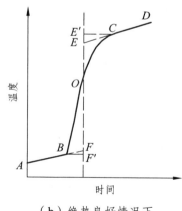

（b）绝热良好情况下

图 2.2.3　雷诺温度校正图

而造成量热计温度的降低，须添加上。经过这样校正后 *EF* 两点的温差较客观地表示了由于样品燃烧使量热计温度升高的数值。

有时量热计的绝热情况良好，热漏小，而搅拌器功率较大，往往不断引进少量热量，使燃烧后的最高点不出现，如图 2.2.3（b），这种情况下仍然可按上述方法校正。

三、仪器及试剂

仪器：氧弹量热计　1 套　　　　　　　压片机　1 台
　　　台式天平　1 台　　　　　　　　电子天平　1 台
　　　贝克曼温度计　1 支　　　　　　点火用电气控制箱　1 台
　　　或集成式燃烧热实验仪（数字式精密温差测量仪+点火装置）　1 台
　　　氧气钢瓶　1 个　　　　　　　　氧气减压阀　1 个
　　　万用表　1 个　　　　　　　　　容量瓶（1 L）　1 个
试剂：苯甲酸（分析纯）　蔗糖（分析纯）　点火专用铁丝

四、实验步骤

1. 样品制作

用台式天平粗称约 1 g 苯甲酸，装入压片筒内。手握压片塞，对准筒的孔中心，放进压塞，用适当力压片，然后旋起旋塞，移去垫块下部的活动垫板，使筒悬空在活动支架上，再旋入压塞，将药片压出。将药片在干净的称量纸上轻击二、三次，除去表面粉末后，再用电子天平准确称量。

2. 装样

拧开氧弹盖，将氧弹内壁擦净，特别是电极下端的不锈钢丝更应擦拭干净。将氧弹头放在专用支架上，把药片平放在金属燃烧杯的底部。剪取约 10 cm 长的点火丝，用电子天平准确称量。在直径约 3 mm 的铁钉上，将点火丝中段绕成 5～6 圈螺旋形，用镊子小心将螺旋部分紧压在样品片上，两端分别固定在两个点火电极上（注意：点火丝不能碰在金属燃烧杯上，以防短路）。

3. 充氧气

旋紧氧弹盖，打开氧气钢瓶总阀门，旋进减压阀螺杆，压下输气连接头充气，当气压达到 2～3 MPa 后，维持约 10 s，而后抬起连接头，关闭钢瓶总阀及减压阀（氧气钢瓶和减压阀的构造及使用请参阅第三章第一节）。

4. 装置测定系统

把内水桶放入仪器内腔，由底部定位卡卡住使不能移动。用容量瓶准确量取 3 L 水倒入干净的内水桶中（调整水夹套水温比内水桶水温低 1 ℃ 左右）。把氧弹放入内水桶中央，用导线将其两极与点火装置连接。把燃烧热实验仪的温度计探头（或已调整好的贝克曼温度计）插入内水桶水中，用手扳动搅拌器，检查浆叶是否与器壁相碰，盖上仪器盖。

5. 测量

打开燃烧热实验仪（图 2.2.4）电源开关，打开搅拌，定时 30 s，按"采零"键使"温差显示"归零，开始测量。

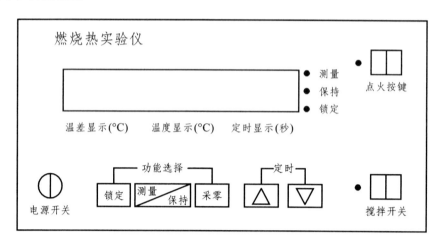

图 2.2.4　集成式燃烧热实验仪

前期，30 s 读取"温差显示"值一次，共记 5 次。

主期，按住"点火按键"不放（约 5 s），期间"温差显示"值迅速上升，即表明已经点燃（如点火后未见温度明显上升，表明点火失败，应停止，待排除故障后重新实验）。点火成功后，密切观察"温差显示"值的变化，30 s 读数一次。

后期，当两次读数差值小于 0.005 ℃ 时，改为 1 min 读数一次，继续 10～12 次后方可停止实验。

6. 后处理

取出氧弹，旋松放气阀缓缓放尽弹内废气。拧开氧弹盖，检查样品燃烧是否完全，若弹内有未燃烧的样品，则应认为实验失败。收集燃烧后剩下的点火丝在电子天平上称量（计算时将该部分质量扣除）。

洗净弹筒内腔及燃烧杯，倒去内筒中的水，分别放还实验前的位置，倒置晾干。

五、注意事项

（1）本实验的关键是点火丝的安装是否成功，样品是否完全燃烧。

（2）压片时用力要适当，样品压得太紧，点火时不易完全燃烧；压得太松，则容易脱落。

（3）在电极上固定好带药片的点火丝，以及氧弹充氧完毕后，都要用万用电表检查两电极是否通路。如果不通，说明点火丝系得不实；如果两电极间的电阻太小，则说明电极短路，无论哪种情况均应设法排除。两极间电阻一般不应大于 20 Ω。

六、附　注

（1）绝热式氧弹量热计既可测量固态可燃物的燃烧热，也可测量液态可燃物的燃烧热。

高沸点液态油类可直接置于燃烧皿中，用棉线等引燃测定；对于低沸点可燃物，应先将其密封，以免挥发。可用聚乙烯塑料袋封装，也可用小玻璃泡或药用胶囊封装，再将其置于引燃物上，烧裂引燃测定。

（2）有些精密测定需对实验用的氧气所含氮气的燃烧值进行校正。为此可预先在氧弹中加入 5 mL 蒸馏水。燃烧后，将生成的稀 HNO_3 溶液倒出，再用少量蒸馏水洗涤氧弹内壁，一并收集到 150 mL 锥形瓶中，煮沸片刻，用酚酞做指示剂，以 0.100 mol·L^{-1} 的 NaOH 溶液标定。每毫升碱液相当于 5.98 J 的热值。这部分热能应从总燃烧热中扣除。

第二节　平衡化学实验

实验三　纯液体饱和蒸气压的测量

一、实验目的

（1）用静态法测定异丙醇在不同温度下的饱和蒸气压，了解静态法测定液体饱和蒸气压的原理。

（2）明确液体饱和蒸气压的定义，了解纯液体饱和蒸气压与温度的关系、克劳修斯-克拉贝龙（Clausius－Clapeyron）方程式的意义。

（3）学会用图解法求被测液体在实验温度范围内的平均摩尔汽化热与正常沸点。

二、基本原理

在一定的温度下，真空密闭容器内的液体能很快和它的蒸气相建立动态平衡，即蒸气分子向液面凝结和液体中分子从表面逃逸的速率相等。此时液面上的蒸气压力就是液体在此温度下的饱和蒸气压。液体的饱和蒸气压与温度有关：温度升高，分子运动加速，因而在单位时间内从液相进入气相的分子数增加，蒸气压升高。

蒸气压随绝对温度的变化可用克拉贝龙-克劳修斯方程式来表示：

$$\frac{\mathrm{d}\ln p}{\mathrm{d}T} = \frac{\Delta H_m}{RT^2} \tag{2.3.1}$$

式中　p —— 液体在温度 T 时的饱和蒸气压（Pa）；

　　　T —— 热力学温度（K）；

　　　ΔH_m —— 液体摩尔气化热（J·mol^{-1}）；

　　　R —— 气体常数。

如果温度变化的范围不大，ΔH_m 可视为常数，将上式积分可得：

$$\lg \frac{p}{p^{\ominus}} = -\frac{\Delta H_m}{2.303RT} + C \tag{2.3.2}$$

式中　C —— 积分常数，此数与压力 p 的单位有关。

由上式可见，若在一定温度范围内，测定不同温度下的饱和蒸气压，以 $\lg\dfrac{p}{p^{\ominus}}$ 对 $\dfrac{1}{T}$ 作图，可得一直线，直线的斜率为 $\dfrac{\Delta H_{\mathrm{m}}}{2.303R}$，而由斜率可求出实验温度范围内液体的平均摩尔汽化热 ΔH_{m}。或者 $\lg p = A - \dfrac{B}{T}$，直线的斜率（B）与异丙醇的摩尔汽化热的关系由克劳修斯-克拉贝龙方程式给出：

$$B = -\frac{\Delta_{\mathrm{l}}^{\mathrm{g}}H_{\mathrm{m}}}{2.303R}$$

当液体的蒸气压与外界压力相等时，液体即沸腾。外压不同，液体的沸点也不同，我们把液体的蒸气压等于 101.325 kPa 时的沸腾温度定义为液体的正常沸点。从 $\lg\dfrac{p}{p^{\ominus}} - \dfrac{1}{T}$ 图中也可求得该液体的正常沸点。

测量饱和蒸气压的方法主要有三种：

1. 动态法

当液体的蒸气压与外界压力相等时，液体就会沸腾，沸腾时的温度就是液体的沸点。即与沸点所对应的外界压力就是液体的蒸气压。若在不同的外压下测定液体的沸点，从而得到液体在不同温度下的饱和蒸气压，这种方法叫做动态法。该法装置较简单，只需将一个带冷凝管的烧瓶与压力计及抽气系统连接起来即可。实验时，先将体系抽气至一定的真空度，测定此压力下液体的沸点，然后逐次往系统放进空气，增加外界压力，并测定其相应的沸点。只要仪器能承受一定的正压而不冲出，动态法也可用在 101.325 kPa 以上压力下的实验。动态法较适用于高沸点液体蒸气压的测定。

2. 饱和气流法

在一定的温度和压力下，让一定体积的空气或稀有气体以缓慢的速率通过一个易挥发的待测液体，使气体被待测液体的蒸气所饱和。分析混合气体中各组分的量以及总压，再按道尔顿分压定律求算混合气体中待测液体蒸气的分压，即是该液体在此温度下的蒸气压。此法一般适用于蒸气压比较小的液体。该法的缺点是：不易获得真正的饱和状态，导致实验值偏低。

3. 静态法

把待测物质放在一个封闭体系中，在不同的温度下直接测量蒸气压，它要求体系内无杂质气体。此法适用于固体加热分解平衡压力的测量和易挥发液体饱和蒸气压的测量，准确性较高。通常是用平衡管（又称等位计）进行测定的。

本实验采用静态法测定异丙醇的饱和蒸气压。

三、仪器及试剂

仪器：蒸气压测定装置　1 套　　　　　真空泵　1 台

数字式气压计　1 台　　　　　电加热器　1 台

温度计　2 支　　　　　　　　数字式真空计　1 台

磁力搅拌器　1 台

试剂：环己烷（分析纯）

四、实验步骤

1. 连接仪器

按仪器装置图（如图 2.3.1 所示）接好测量线路。所有接口必须严密封闭。平衡管由三根相连通的玻璃管 a、b 和 c 组成，a 管中储存被测液体，b 和 c 中也有相同液体，在底部相连。当 a、c 管的上部全部是待测液体的蒸气，而 b 与 c 管中的液面在同一水平时，则表示在 c 管液面上的蒸气压与加在 b 管液面上的外压相等。此时液体的温度即为体系的气液平衡温度，即沸点。

平衡管中的液体可用下法装入：先将平衡管取下洗净，烘干，然后烤烘（可用煤气灯）a 管，赶走管内空气，迅速将液体自 b 管的管口灌入，冷却 a 管，液体即被吸入。反复两三次，使液体灌至 a 管高度的 2/3 为宜，然后接在装置上。

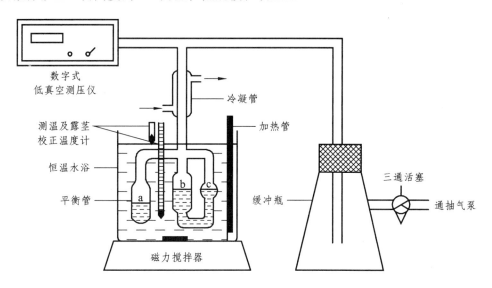

图 2.3.1　纯液体饱和蒸气压测定装置示意图

2. 系统检漏

缓慢旋转三通活塞，使系统通大气。开启冷却水，接通电源，使真空泵正常运转 4～5 min 后，调节活塞使系统减压（注意：旋转活塞必须用力均匀，缓慢，同时注视真空计），至余压大约为 1×10^4 Pa 后关闭活塞，此时系统处于真空状态。如果在数分钟内真空计示值基本不变，表明系统不漏气。若系统漏气则应分段检查，直至不漏气才可进行下一步实验。

3. 测定不同温度下液体的饱和蒸气压

转动三通活塞使系统与大气相通。开动搅拌器，并将水浴加热。随着温度逐渐上升，平衡管中有气泡逸出。继续加热至正常沸点之上 5 ℃ 左右。保持此温度数分钟，将平衡管中的空气赶净。

(1) 测定大气压力下的沸点。

测定前必须正确读取大气压数据（气压计的使用及校正方法请参阅第三章第一节）。

系统空气被赶净后，停止加热。让温度缓慢下降，c 管中的气泡将逐渐减少直至消失。c 管液面开始上升而 b 管液面下降。密切注视两管液面，一旦两液面处于同一水平，立即记下此时的温度。细心而快速转动三通活塞，使系统与泵略微连通，既要防止空气倒灌，也应避免系统减压太快。

重复测定 3 次。结果应在测量允许误差范围内。

(2) 测定不同温度下纯液体的饱和蒸气压。

在大气压力下测定沸点之后，旋转三通活塞，使系统慢慢减压。当压力差减至约为 4×10^3 Pa 时，平衡管内液体又明显汽化，不断有气泡逸出（注意勿使液体沸腾！）。随着温度下降，气泡再次减少直至消失。同样等 b、c 两管液面相平时，记下温度和真空计读数。再次转动三通活塞，缓慢减压。减压幅度同前，直至烧杯内水浴温度下降至 50 ℃ 左右。停止实验，再次读取大气压力。

五、注意事项

(1) 测定前，必须将平衡管 a、b 中的空气驱赶净。在常压下利用水浴加热被测液体，使其温度控制在高于该液体正常沸点 3～5 ℃，持续约 5 min。让其自然冷却，读取大气压下的沸点。再次加热并进行测定。如果数据偏差在正常误差范围内，可认为空气已被赶净。注意切勿过分加热，否则蒸气来不及冷凝就进入抽气泵，或者会因冷凝在 b 管中的液体过多，而影响下一步实验。

(2) 冷却速率不宜太快，一般控制在每分钟下降 0.5 ℃ 左右，如果冷却太快，测得的温度将偏离平衡温度。因为被测气体内外以及水银温度计本身都存在温度滞后效应。

(3) 整个实验过程中，要严防空气倒灌，否则，实验要重做。为了防止空气倒灌，在每次读取平衡温度和平衡压力数据后，应立即加热同时缓慢减压。

(4) 在停止实验时，应缓慢地先将三通活塞打开，使系统通大气，再使抽气泵通大气（防止泵中的油倒灌），然后切断电源，最后关闭冷却水，使实验装置复原。为使系统通入大气或使系统减压以缓慢速度进行，可将三通活塞通大气的管子拉成尖口。

六、附 注

本实验数据处理较为繁琐，可用计算机拟合处理，并与上述作图计算结果进行比较。

实验四 挥发性双液系气–液平衡相图的测绘

一、实验目的

(1) 了解和巩固相律、相图、最低恒沸点及恒沸物等基本概念；

(2) 绘制恒压下二元体系的气-液平衡相图（沸点-组成图），确定其最低恒沸点及恒沸物的组成；

（3）了解阿贝折光仪的构造原理和使用方法。

二、基本原理

1. 气-液平衡相图

两种液体物质混合而成的二组分体系称为双液系。两组分若能以任意比例互相溶解，称为完全互溶双液系。液体的沸点是指液体的蒸气压与外界压力相等时的温度。在一定的外压下，纯液体的沸点有其确定值；而双液系的沸点不仅与外压有关，而且还与两种液体的相对含量有关。根据相律：

$$自由度（F）＝组分数（C）－相数（P）＋2 \qquad (2.4.1)$$

可见，一个气-液共存的二组分体系，其自由度为 2，即该相平衡体系中有两个独立的变量，只要任意确定一个，整个体系的存在状态就可用二维图形来描述。例如，指定某一温度，可作压力-组成图；或指定某一压力，可作温度-组成图，这就是相图。图 2.4.1 为二组分理想液态混合物的温度-组成相图，从相图中可以读出某一温度下处于平衡的液相组分和气相组分的相应值，显然气、液相组成并不相同，低沸点（易挥发）组分在气相中的相对含量恒大于它在液相中的相对含量。

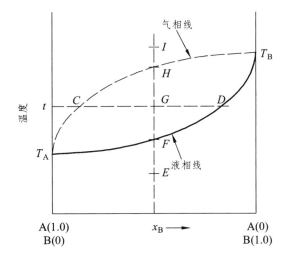

图 2.4.1　理想液态混合物温度-组成图

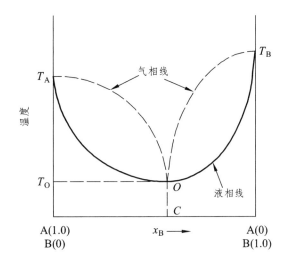

图 2.4.2　具有最低恒沸点的混合物温度-组成图

然而绝大多数实际体系不能在全部范围内都符合拉乌尔（Raoult）定律，它们对拉乌尔定律产生一定偏差。偏差不大时，温度-组成相图与图 2.4.1 相似，液态混合物的沸点仍介于两纯液体的沸点之间（如苯-丙酮体系）。当实际体系对拉乌尔定律产生较大负偏差时，在温度-组成相图中出现最高点（如丙酮-氯仿体系）；对拉乌尔定律产生较大正偏差时，在温度-组成相图中出现最低点（如甲醇-氯仿体系）。气-液两相在最高点（或最低点）的组成相同，在蒸馏中气、液相组成不随蒸馏的进程而发生变化，且沸点始终恒定不变，所以称此对应温度为最高（或最低）恒沸点（T_0），对应组成称为恒沸混合物（如图 2.4.2）。

2．沸点测定仪

沸点测定仪的设计思想是如何正确测定沸点，便于取样分析，防止过热及避免分馏等。本实验所用沸点仪如图 2.4.3 所示，这是一只带有回流冷凝管的长颈蒸馏烧瓶。冷凝管底部有一半球形储液槽，用以收集冷凝下来的气相样品。电流经变压器和粗导线通过浸于溶液中的电热丝，这样可以减少溶液沸腾时的过热现象，还能防止暴沸。玻璃管的作用是使测得的温度为气、液两相的平均温度，水银球的位置应一半浸入溶液中，一半露在蒸气中，套上玻璃管后可引导沸腾液冲至水银球上部使其感应液温。

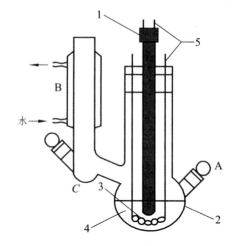

图 2.4.3 沸点测定仪

1—热电偶温度计；2—沸点仪；3—电热线；
4—待测液；5—导线

3．测绘乙醇-环己烷体系的温度-组成图

本实验要测绘乙醇-环己烷的温度-组成图，它属于具有最低恒沸点的体系。方法是将不同组成的混合液分别放入沸点仪中，在恒外压下加热使沸腾，当气、液两相达到平衡时，测定沸点，同时用阿贝折光仪分别测定气相（冷凝液）和液相的折光率，然后从标准曲线上查出相应的组成，从而绘制出温度-组成图。

三、仪器及试剂

仪器： 沸点测定仪　1只　　　　低电压输出变压器　1台
　　　 阿贝折光仪　1台　　　　　擦镜棉球（丙酮和乙醇浸泡）1瓶
　　　 电吹风机　1台　　　　　　吸管（直头、弯头）各1支
　　　 量筒（50 mL）1只　　　　精密温度计（0～100 ℃，分度0.1 ℃）1支
试剂： 无水乙醇（分析纯）　环己烷（分析纯）　蒸馏水

四、实验步骤

1．配制不同摩尔分数组成的混合液（可由实验室预先准备），如表 2.4.1 所示。

表 2.4.1　混合液的组成

编号	1	2	3	4	5	6	7	8	9	10
环己烷含量/%	0	7	15	25	55	85	92	96	98	100
乙醇含量/%	100	93	85	75	45	15	8	4	2	0

2．安装沸点仪

按图 2.4.3 安装好沸点仪并固定在铁架台上。电热丝要靠近烧瓶底部的中心。检查软木塞塞紧时温度计的位置是否合适，水银球应在电热丝以上 2 cm。

3. 沸点和折光率的测定

由沸点仪 A 口加入样品混合液使液面达到温度计水银球的中部（约 30 mL），注意电热丝应完全浸没于溶液中。塞紧木塞及取样口塞，接通冷凝水，加热导线接通低压输出变压器（约 8～11 V），加热使沸腾。在沸腾过程中，应注意观察精密温度计读数，当读数稳定 3～5 min 后，表示气-液相达到热平衡，记录该组成下的沸点值。

切断电源，停止电加热。稍冷后，用干燥的弯头吸管从取样口伸入储液槽内，吸取其中全部气相冷凝液，迅速用阿贝折光仪测定其折光率，重复 3 次取平均值（阿贝折光仪的构造及使用请参阅第三章第三节）。再用干燥的直头吸管吸取蒸馏烧瓶内的液体约 1 mL，迅速测定其折光率，同样重复 3 次取平均值。完毕后，将蒸馏烧瓶内的液体倒入编号相同的回收瓶内。

按上述步骤逐一测定其他各组成样品混合液的沸点及两相的折光率。

五、数据处理

（1）已知乙醇-环己烷体系在 15 ℃ 时，组成和折光率的对应关系数据如表 2.4.2 所示，按表中数据以组成为 x（环己烷含量的摩尔分数），折光率为 y 绘制标准曲线。

表 2.4.2　乙醇–环己烷体系的组成和折光率的对应关系

环己烷摩尔分数	0	0.054 3	0.092 9	0.172 6	0.282 2	0.366 7	0.463 9	0.567 8	0.673 5	0.874 2	1
折光率 n_D^{15}	1.362 5	1.368 1	1.371 8	1.378 8	1.388 0	1.393 0	1.400 2	1.406 0	1.412 6	1.422 3	1.428 2

（2）将在室温下测定的折光率换算成 15 ℃ 下的数据，已知该体系温度每升高 1 ℃，折光率下降 0.000 48，即

$$n_D^{15} = n_D^t + 0.000\ 48(t-15) \tag{2.4.3}$$

式中　t——实验温度，这里指室温（℃）。

用内插法，从标准曲线上查出各不同浓度混合液气相和液相的组成。

（3）在平面直角坐标纸上绘制温度-组成图，由相图确定乙醇-环己烷体系的最低恒沸点及恒沸物组成。

六、注意事项

（1）取样用的吸管应干燥，必要时可用电吹风机吹干。

（2）同一样品气、液两相的测定，相隔时间不能太长，样品的转移必须迅速，以免挥发，破坏平衡时的组成。

（3）测完一次折光率后，应立即将折光仪的棱镜开启，让残液自然挥发干净，以免影响下次测定，不得用电吹风机吹干（否则，黏接棱镜的阿拉伯胶会受损）。

（4）加热时，若发现液体沸腾过于剧烈，电阻丝出现红热，液体冒烟等，应立即切断加热电源，查明原因。通电时，注意两只铁夹不能碰在一起，以防短路。

（5）要防止明火，瓶内无液体，液体未完全浸没电阻丝或各塞未塞好时，均不得通电加热。

七、附　注

（1）气-液相图的实际意义在于，只有掌握了气-液相图，才有可能有效地利用蒸馏方法来分离液体混合物。在石油工业和溶剂、试剂的生产过程中，常利用气-液相图来指导并控制分馏、精馏的操作条件；在一定压力下恒沸物的组成恒定，利用恒沸点盐酸可以配制容量分析用的标准酸溶液。

（2）如果已知混合液的密度与组成的关系曲线，也可以由测定密度来定出其组成。但这种方法往往需要较多的溶液量，而且费时。使用测定折光率的方法简便、快速，且液体用量少，但它要求组成体系的两组分的折光率有一定差值，且如果操作不当，误差比较大，通常需重复测定 3 次。

（3）沸点仪的设计必须便于沸点和气、液两相组成的测定。蒸气冷凝部分的设计是关键之一。若收集冷凝液的凹形半球容积过大，在客观上即造成溶液的分馏；过小则会因取样太少而给测定带来一定困难。连接冷凝管和蒸馏烧瓶之间的连管过短或位置过低，沸腾的液体就有可能溅入小球内；反之，则易导致沸点较高的组分先部分冷凝下来，结果使气相样品组成有所偏差，因此最好在仪器外再加上棉套之类的保温层，以减少蒸气先行冷凝。

第三节　电化学实验

实验五　原电池电动势温度系数的测定

一、实验目的

（1）测定原电池电动势的温度系数，计算电池反应的热力学函数改变量；
（2）掌握用 UJ-25 型电位差计测定电动势的原理、方法。

二、基本原理

（1）将下列反应

$$Zn + Hg_2Cl_2\,(s) \longrightarrow 2Cl^- + Zn^{2+} + 2Hg$$

设计成一可逆电池：

$$(-)Zn \mid ZnSO_4\ (\,0.1\,mol \cdot L^{-1}\,) \parallel KCl\ (饱和) \mid Hg_2Cl_2\ (s)，Hg(+)$$

该电池电极反应：

正极　　　$Hg_2Cl_2\ (s) + 2e^- \longrightarrow 2Cl^- + 2Hg$

负极　　　$Zn - 2e^- \longrightarrow Zn^{2+}$

电池反应　$Zn + Hg_2Cl_2\ (s) \longrightarrow 2Cl^- + Zn^{2+} + 2Hg$

（2）根据
$$\Delta_r G_m = -zFE \tag{2.5.1}$$

$$(\partial \Delta_r G_m / \partial T)_p = -\Delta_r S_m \tag{2.5.2}$$

$$\Delta_r S_m = zF(\partial E / \partial T)_p \tag{2.5.3}$$

恒温反应过程
$$\Delta_r G_m = \Delta_r H_m - T\Delta_r S_m \tag{2.5.4}$$

得
$$\Delta_r H_m = -zFE + zF(\partial E / \partial T)_p \cdot T \tag{2.5.5}$$

式中 $\Delta_r G_m$、$\Delta_r S_m$ 和 $\Delta_r H_m$ ——电池反应的摩尔吉布斯函数、摩尔反应熵和摩尔反应焓的变化；

E ——电池电动势；

$(\partial E / \partial T)_p$ ——电动势的温度系数；

z ——电池反应转移的电子数；

F ——法拉第常数。

测定 $5\sim6$ 个不同温度下的电动势 E，在温度变化范围不大的条件下，作 $E\text{-}T$ 图，呈线形关系。求取 $(\partial E / \partial T)_p$，进而可计算出一定温度下的 $\Delta_r G_m$、$\Delta_r S_m$ 和 $\Delta_r H_m$ 值。

三、仪器及试剂

仪器：UJ-25 型直流电位差计 1 台　　　数字式万用表 1 只
　　　标准电池 1 只　　　　　　　　　恒温槽 1 套
　　　饱和甘汞电极 1 支　　　　　　　半电池小杯 1 个
　　　U 形连通器 1 个　　　　　　　　砂纸 若干
　　　锌电极 1 支
　　　工作电池（本实验用可调式直流稳压电源代替，接通电路前，先用万用表测定并
　　　　　　　调节电压 $3.2\sim3.3$ V）
试剂：$ZnSO_4$ 溶液（$0.1\,mol\cdot L^{-1}$）　　饱和 KCl 溶液

四、实验步骤

（1）按图 2.5.1 组装成一个原电池，首先用 UJ-25 型直流电位差计测定室温下电池的电动势，重复三次取平均值（UJ-25 型直流电位差计的构造及使用请参阅第三章第六节）。

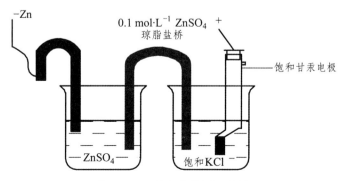

图 2.5.1　原电池装置示意图

(2) 调节恒温水浴温度，比室温高 5 ℃，恒温 10 min 后，再测定其电动势。

(3) 以后每次将水浴温度调升 5 ℃，恒温 10 min 后，再测定各温度下的电动势。

(4) 共测 5~6 个温度下的电动势，每个温度下的电动势均要重复测量三次取平均值。

五、注意事项

(1) 锌电极在实验前应用砂纸擦光亮。

(2) 琼脂盐桥应注意放置方向，不要将有标记的一端误插入锌半电池中，否则锌电极受到 KCl 污染，电动势会产生漂移，且不稳定。

(3) 原电池的液面应在恒温水面以下，甘汞电极内部的电极也应有一部分在半电池电极液面下，如此才能恒温充分，测定中还应用电极轻轻搅动溶液数次，以保证温度均匀。

(4) 本实验也可用铜电极和饱和甘汞电极组成原电池测定其相应的电动势温度系数。

实验六 铁的极化和钝化曲线的测定

一、实验目的

(1) 测定铁在水、H_2SO_4 及硫脲中的阴极极化、阳极极化和钝化曲线，计算铁的自腐蚀电势、腐蚀电流；

(2) 了解极化曲线的意义和应用；

(3) 掌握恒电势法的测量原理和实验方法。

二、基本原理

1. 极化和钝化曲线

铁在 H_2SO_4 溶液中，将不断被溶解，同时产生 H_2，即

$$Fe + 2H^+ \rightleftharpoons Fe^{2+} + H_2 \uparrow \qquad (a)$$

Fe / H_2SO_4 体系是一个二重电极，即在 Fe / H_2SO_4 界面上同时进行两个电极反应

$$Fe \rightleftharpoons Fe^{2+} + 2e^- \qquad (b)$$

$$2H^+ + 2e^- \rightleftharpoons H_2 \qquad (c)$$

反应 (b) 及 (c) 称为共轭反应，正是由于有反应 (c) 存在，反应 (b) 才能不断进行，这就是铁在酸性介质中腐蚀的主要原因。当电极不与外电路接通时，其净电流 I 为零。在稳定状态下，铁溶解的阳极电流 $I(Fe)$ 和 H^+ 还原出 H_2 的阴极电流 $I(H)$，它们在数值上相等但符号相反，即

$$I_总 = I(Fe) + I(H) = 0 \qquad (2.6.1)$$

$I(Fe)$ 表示流过 Fe 电极的电流，它的大小反应了 Fe 在 H_2SO_4 中的溶解速率，而维持 $I(Fe)$、$I(H)$ 相等时的电势称为 Fe / H_2SO_4 体系的自腐蚀电势 E_{COR}。

图 2.6.1 是 Fe 在 H_2SO_4 中的阳极极化和阴极极化曲线图，当对电极进行阳极极化（即加

更大正电势）时，反应（c）被抑制，反应（b）加快。此时，电化学过程以 Fe 的溶解为主要倾向。通过测定对应的极化电势和极化电流，就可得到 Fe / H_2SO_4 体系的阳极极化曲线 rba。由于反应（b）是由迁越步骤所控制的，所以符合塔菲尔（Tafel）半对数关系，即

$$\eta(Fe) = a(Fe) + b(Fe)\lg[I(Fe)/(A\cdot cm^{-2})] \tag{2.6.2}$$

直线的斜率为 $b(Fe)$。

当对电极进行阴极极化，即加更小的电势时，反应（b）被抑制，电化学过程以反应（c）为主要倾向。同理，可获得阴极极化曲线 rdc。由于 H^+ 在 Fe 电极上还原出 H_2 的过程也是由迁越步骤所控制的，故阴极极化曲线也符合塔菲尔关系，即

$$\eta(H) = a(H) + b(H)\lg[I(H)/(A\cdot cm^{-2})] \tag{2.6.3}$$

当把阳极极化曲线 rba 的直线部分 ab 和阴极极化曲线 rdc 的直线部分 cd 外延，理论上应交于一点（p），则 p 点的纵坐标就是 $\lg[I_{COR}/(A\cdot cm^{-2})]$，即腐蚀电流 I_{COR} 的对数，而 p 点的横坐标则表示自腐蚀电势 E_{COR} 的大小。

当阳极极化进一步加强时，铁的阳极溶解进一步加快，极化电流迅速增大。当极化电势超过 E_p 时，$I(Fe)$ 很快下降到 d 点，如图 2.6.2 所示。此后虽然不断增加极化电势，但 $I(Fe)$ 一直维持在一个很小的数值，如图中 de 段所示。直到极化电势超过 1.5 V 时，$I(Fe)$ 才重新开始增加，如 ef 段所示，此时 Fe 电极上开始放出氧。从 a 点到 b 点的范围称为活化区，从 c 点到 d 点的范围称为钝化过渡区，从 d 点到 e 点的范围称为钝化区，从 e 点到 f 点的范围称为超钝化区。E_p 称为钝化电势，I_p 称为钝化电流。

铁的钝化现象可作如下解释：图 2.6.2 中 ab 段是 Fe 的正常溶解曲线，此时铁处在活化状态。bc 段出现极限电流是由于 Fe 的大量快速溶解。当进一步极化时，Fe^{2+} 与溶液中的 SO_4^{2-} 形成 $FeSO_4$ 沉淀层，阻滞了阳极反应。由于 H^+ 不易到达 $FeSO_4$ 层内部，使 Fe 表面的 pH 增加；在电势超过约 0.6 V 时，Fe_2O_3 开始在 Fe 的表面生成，形成了致密的氧化膜，极大地阻滞了 Fe 的溶解，因而出现了钝化现象。由于 Fe_2O_3 在高电势范围内能够稳定存在，故铁能保持在钝化状态，直到电势超过 O_2/H_2O 体系的平衡电势（+1.23 V）相当多（+1.6 V）时，才开始产生氧气，电流重新增长。

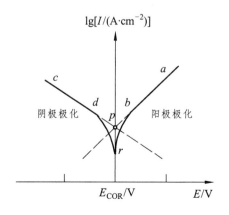

图 2.6.1 Fe 的极化曲线

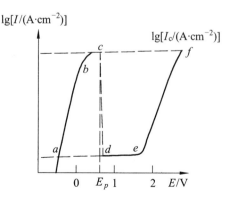

图 2.6.2 Fe 的钝化曲线

金属钝化现象有很多实际应用，金属处于钝化状态对于防止金属的腐蚀和在电解中保护不溶性的阳极是极为重要的；而在另一些情况下，钝化现象却十分有害，如在化学电源、电镀中的可溶性阳极等，这时则应尽量防止阳极钝化现象的发生。凡能促使金属保护层破坏的因素都能使钝化后的金属重新活化，或防止金属钝化。例如，加热、通入还原性气体、阴极极化、加入某些活性离子（Cl^-）、改变 pH 等均能使钝化后的金属重新活化或防止金属钝化。

对 Fe/H_2SO_4 体系进行阴极极化或阳极极化（在不出现钝化现象情况下）既可采用恒电流方法，也可采用恒电势的方法，所得到的结果一致。但测定钝化曲线必须采用恒电势方法，如采用恒电流方法，则只能得到图 2.6.2 中 *abcf* 部分，而无法获得完整的钝化曲线。

2. 影响金属钝化过程的几个因素

金属的钝化现象是常见的，人们已对它进行了大量的研究工作。影响金属钝化过程及钝化性质的因素，可以归纳为以下几点：

（1）溶液的组成。溶液中存在的 H^+、卤素离子以及某些具有氧化性的阴离子，对金属的钝化现象起着颇为显著的影响。在中性溶液中，金属一般比较容易钝化，而在酸性或某些碱性的溶液中，钝化则困难得多，这与阳极产物的溶解度有关。卤素离子，特别是氯离子的存在，则明显地阻滞了金属的钝化过程，已经钝化了的金属也容易被它破坏（活化），而使金属的阳极溶解速度重新增大。溶液中存在的某些具有氧化性的阴离子（如 CrO_4^{2-}）则可以促进金属的钝化。

（2）金属的化学组成和结构。各种纯金属的钝化性能不尽相同，以铁、镍、铬三种金属为例，铬最容易钝化，镍次之，铁最差。因此添加铬、镍可以提高钢铁的钝化能力及钝化的稳定性。

（3）外界因素（如温度、搅拌等）。一般来说，温度升高以及搅拌加剧，可以推迟或防止钝化过程的发生，这显然与离子的扩散有关。

3. 极化曲线的测定

控制电势法测量极化曲线时，一般采用恒电势仪，它能将研究电极的电势恒定地维持在所需值，然后测量对应于该电势下的电流。由于电极表面状态在未建立稳定状态之前，电流会随时间而改变，故一般测出的曲线为"暂态"极化曲线。在实际测量中，常采用的控制电势测量方法有下列两种。

（1）静态法。

将电极电势较长时间地维持在某一恒定值，同时测量电流随时间的变化，直到电流值基本上达到某一稳定值。如此逐点地测量各个电极电势。由自腐蚀电势开始，每次改变电势几毫伏（其绝对值），改变电势后 1 min 读取相应的电流值。先阴极极化，后阳极极化，共改变电势 200 mV 左右。

（2）动态法。

控制电极电势以较慢的速率连续地改变（扫描），并测量对应电势下的瞬时电流值，并以瞬时电流与对应的电极电势作图，获得整个极化曲线。所采用的扫描速率（即电势变化的速率）需要根据研究体系的性质选定。一般来说，电极表面建立稳态的速率越慢，则扫描速率也应越慢，这样才能使所测得的极化曲线与采用静态法的接近。

上述两种方法都已获得了广泛的应用，从测得结果的比较可以看出，静态法测量结果虽然比较接近稳态值，但测量时间太长，本实验采用动态法。

三、仪器及试剂

仪器：LK98BⅡ型电化学工作站   电解池

Fe 电极（研究电极）   Pt 电极（辅助电极）

饱和甘汞电极（参比电池）

试剂：H_2SO_4（$1\,mol \cdot L^{-1}$）   丙酮   蒸馏水

四、实验步骤

请阅读第三章第七节，了解 LK 98 电化学工作站的基本知识。

（1）开机，自检。

打开 LK 98BⅡ型电化学工作站电源（不接任何电极）。打开微机电源，进入 Windows 桌面，双击 LK 98 图标（运行控制程序）。

按 LK 98BⅡ型电化学工作站面板上的"Reset"按钮（黄色），进行仪器自检（成功后可听到有继电器动作的声音，让仪器预热 10 min）。

（2）将 Fe 电极表面用金相砂纸磨亮，随后用丙酮去油、去离子水洗净。去油后的 Fe 电极进一步进行电抛光处理。即将电极放入 $HClO_4$、HAc 的混合液中（按 4∶1 配制）进行电解。Fe 工作电极为阳极（正极），Pt 电极为阴极（负极），电流密度为 85 $mA \cdot cm^{-2}$（铁电极），电解 2 min，取出后用蒸馏水洗净，用滤纸吸干后，立即放入电解池中。

（3）在电解池内倒入约 50 mL 浓度 $1\,mol \cdot L^{-1}$ 的 H_2SO_4 溶液，插入 Pt 电极和甘汞电极。

（4）电化学工作站与电解池连接。

各电极的连接顺序：① 参比电池（甘汞电极）；② 辅助电极（Pt）；③ 研究电极（Fe）。

（5）单击菜单上"实验方法选择"→方法种类→线性扫描技术→具体方法→塔菲尔曲线→确定。

（6）塔菲尔曲线参数设定。

基线（关），iR 降补偿（关），灵敏度选择（1 μA），滤波参数（50 Hz），放大倍率（1），初始电位（V）：－1.9，终止电位（V）：1.9，扫描速度（V/s）：0.002，等待时间（s）：0。

（7）单击菜单上"开始实验"按钮（开始扫描和自动记录，整个扫描大约需要 10 min，扫描结束后，自动终止实验）。

注意：在测定过程中不能断开连线或使电极离开溶液，否则容易损坏仪器。按"终止实验"按钮后，才能使电极离开溶液。

（8）保存记录，关闭程序，关微机，关电化学工作站电源。

（9）实验完毕，拆除三电极上的连接导线（按连接的相反顺序），洗净电解池和各电极。测量 Fe 电极的面积。

（10）同理，分别测定 Fe 电极在蒸馏水中、$1\,mol \cdot L^{-1}$ H_2SO_4 和 $0.5\,mol \cdot L^{-1}$ 硫脲（金属缓蚀剂）混合溶液中的塔菲尔曲线。

第四节　动力学实验

实验七　旋光法测定蔗糖水解反应速率常数

一、实验目的

（1）了解旋光仪的基本原理，掌握旋光仪的正确操作技术；

（2）了解蔗糖水解反应中反应物浓度与旋光度之间的关系；

（3）测定蔗糖水解反应的速率常数和半衰期。

二、基本原理

蔗糖在水中转化成葡萄糖和果糖，其反应方程式为：

$$C_{12}H_{22}O_{11} + H_2O \xrightarrow{H^+} C_6H_{12}O_6 + C_6H_{12}O_6$$
$$\text{蔗　糖} \qquad\qquad \text{葡萄糖　　果　糖}$$

这是一个二级反应，在纯水中此反应的速率极慢，通常需要在 H^+ 的催化作用下进行。由于反应时水是大量存在的，尽管有部分水分子参与了反应，但仍可近似地认为水在整个反应过程中浓度恒定；H^+ 是催化剂，其浓度也保持不变。因此该反应的反应速率只与蔗糖的浓度有关，可视为一级反应（假一级反应），速率方程为

$$-\frac{dc_t}{dt} = kc_t \tag{2.7.1}$$

式中　k —— 反应速率常数；

　　　c_t —— 时间 t 时反应物的浓度。

将上式积分得

$$\ln c_t = -kt + \ln c_0 \tag{2.7.2}$$

式中　c_0 —— 反应物的初始浓度。

当 $c_t = \frac{1}{2}c_0$ 时，时间 t 可用 $t_{1/2}$ 表示，即为反应半衰期：

$$t_{1/2} = \frac{\ln 2}{k} = \frac{0.693}{k} \tag{2.7.3}$$

从式（2.7.2）可看出，在不同时间测定反应物的相应浓度，并以 $\ln c_t$ 对 t 作图，可得一条直线，由直线斜率即可求得反应速率常数 k。然而反应是在不断进行的，要快速分析出反应物的浓度很困难。但蔗糖及其转化产物都具有旋光性，并且各物质的旋光能力不同，因此可利用体系在反应过程中旋光度的变化来度量反应的进程。

物质的旋光能力可用比旋光度来度量：

$$[\alpha]_D^{20} = \frac{\alpha \cdot 10}{l \cdot c} \tag{2.7.4}$$

式中 $[\alpha]_D^{20}$ 右上角的 "20" —— 实验温度为 20 ℃；

D —— 旋光仪所采用的钠灯光源 D 线的波长（即 589 nm）；

α —— 测得的旋光度（°）；

l —— 样品管长度（cm）；

c —— 试样的浓度（$g \cdot cm^{-3}$）。

反应物蔗糖为右旋物质，其比旋光度 $[\alpha]_D^{20} = 66.6°$，生成物葡萄糖是右旋物质，其比旋光度 $[\alpha]_D^{20} = 52.5°$，另一生成物果糖是左旋物质，其比旋光度 $[\alpha]_D^{20} = -91.9°$。由于生成物中果糖的左旋光性比葡萄糖的右旋光性大，所以生成物呈现左旋光性。随着反应的进行，体系的右旋角不断减小，至某一瞬间，体系的旋光度恰好为零，而后就变成左旋，直到蔗糖完全转化，这时左旋角达到最大值 α_∞。

实际溶液的旋光度与溶液中所含旋光性物质的旋光能力、溶液浓度、样品管长度、光源波长、溶剂性质及温度等均有关系。当其他条件一定时，旋光度 α 与反应物的浓度 c 呈线性关系，设体系最初的旋光度为

$$\alpha_0 = \beta_{反} c_0 \quad (t = 0，蔗糖尚未转化) \tag{2.7.5}$$

体系最终的旋光度为

$$\alpha_\infty = \beta_{生} c_0 \quad (t = \infty，蔗糖已完全转化) \tag{2.7.6}$$

式中 $\beta_{反}$、$\beta_{生}$ —— 反应物与生成物的比例常数。

当时间为 t 时，蔗糖浓度为 c_t，此时旋光度为 α_t：

$$\alpha_t = \beta_{反} c_t + \beta_{生} (c_0 - c_t) \tag{2.7.7}$$

式（2.7.5）、（2.7.6）、（2.7.7）联立得：

$$c_0 = \frac{\alpha_0 - \alpha_\infty}{\beta_{反} - \beta_{生}} = \beta'(\alpha_0 - \alpha_\infty) \tag{2.7.8}$$

$$c_t = \frac{\alpha_t - \alpha_\infty}{\beta_{反} - \beta_{生}} = \beta'(\alpha_t - \alpha_\infty) \tag{2.7.9}$$

将式（2.7.8）、（2.7.9）代入式（2.7.2）得

$$\ln(\alpha_t - \alpha_\infty) = -kt + \ln(\alpha_0 - \alpha_\infty) \tag{2.7.10}$$

显然，若以 $\ln(\alpha_t - \alpha_\infty)$ 对 t 作图可得一直线，从直线斜率即可求得反应速率常数 k。

三、仪器及试剂

仪器：旋光仪　1 台　　　　　　　恒温槽（公用）　1 套

　　　量筒（25 mL）　2 只　　　　磨塞试管（50 mL）　1 只

　　　锥形瓶（250 mL）　1 只　　　秒表　1 只

试剂：蔗糖溶液（20%）　盐酸（2 $mol \cdot L^{-1}$）

四、实验步骤

请仔细阅读第三章第四节，了解并熟悉旋光仪的构造原理及使用方法。

1. 旋光仪的零点校正

蒸馏水为非旋光性物质（$\alpha = 0°$），可用其校正旋光仪的零点。洗净样品管，将旋光管一端的盖子旋上，由另一端向管内装满蒸馏水（使管端液面为凸面），盖上玻璃片及套盖，确保管内无气泡存在。拭干玻璃窗及外壁，放入旋光仪的光路中。打开钠灯光源（应提前打开预热），调节目镜聚焦，使视野清晰，再旋转检偏镜，直至能观察到三分视野为均匀暗场为止。记下刻度盘所显示的旋光度，即为旋光仪的零点，用来校正仪器的系统误差。

2. 反应过程中旋光度 α_t 的测定

分别用量筒量取蔗糖溶液（20%）50 mL 和盐酸（2 mol·L⁻¹）50 mL，先将蔗糖液加入锥形瓶中，后加盐酸（当盐酸加入约一半量时，按下秒表开始计时，$t = 0$），混合均匀。在反应开始的 5 min 内，迅速用少量反应液润洗旋光管三次，然后再将反应液装满旋光管，放入光路中，按拟定的反应时间，测量相应的旋光度 α_t。

3. α_∞ 的测定

将剩余的反应液装入磨塞试管，置于 50~60 °C 的恒温槽中加热加速蔗糖水解，约 90 min 后，蔗糖即反应完全。取出冷却至室温，测量其旋光度即为 α_∞。调节 3 次取平均值。

4. 后处理

实验完毕后，立即将旋光管各部分零件拆开洗净，以免沾污和腐蚀仪器。

五、注意事项

（1）装好液的旋光管内不应存有气泡，用手指轻弹管壁可驱赶附着在管壁上的小气泡。

（2）应在测定时间到达前，先大致确定测定点，时间一到，迅速准确测定旋光度，以确保旋光度和时间的对应关系。

六、附 注

（1）测量反应过程中反应物或产物浓度的方法有化学分析法和物理化学分析法两类。化学分析法是在一定时间取出部分试样，使用骤冷或移去催化剂等方法使反应停止，然后进行分析，直接求出浓度。这种方法设备简单，但是耗时长，比较麻烦。物理化学分析法是利用反应体系中反应物或产物的某些物理性质（如导电性、旋光性、折光性、吸光度、体积、压力等）与物质浓度的关系，通过使用不同的仪器测量反应过程中这些物理性质的变化来确定物质的浓度。采用物理化学分析法的条件是物理性质与反应物浓度之间存在简单的线性关系，反应系统的物理性质有明显的变化，无干扰因素。物理法的特点是实验时间短，速度快，可不中断反应，而且还可采用自动化的装置。但是需一定的仪器设备，并且只能得出间接的数据，有时会因某些杂质的存在而产生较大误差。

（2）蔗糖在纯水中水解速率很慢，但在催化剂作用下会迅速加快。本实验除了用 H⁺做催化剂外，也可用蔗糖酶催化。后者的催化效率更高，并且用量很小，如用蔗糖酶液（3～5 活力单位/ mL），其用量仅为 2 mol·L⁻¹盐酸用量的 1/50。

（3）测定 α_∞时，加热水浴的温度不能超过 60 ℃，否则会发生副反应，使反应液变黄。因为蔗糖是由葡萄糖的苷羟基与果糖的苷羟基之间缩合而成的二糖，在 H⁺催化下，除了苷键断裂进行转化反应外，由于高温还有脱水反应，影响测量结果。

实验八 电导法测定乙酸乙酯皂化反应活化能

一、实验目的

（1）了解二级反应的特点，学会用图解法求二级反应的速率常数；
（2）掌握用电导法测定乙酸乙酯皂化反应的速率常数和活化能。

二、基本原理

乙酸乙酯皂化是一个典型的二级反应，其反应方程式为：

$$CH_3COOC_2H_5 + NaOH \longrightarrow CH_3COONa + C_2H_5OH$$

$t = 0$	c_0	c_0	0	0
$t = t$	$c_0 - x$	$c_0 - x$	x	x
$t \to \infty$	$\to 0$	$\to 0$	$\to c_0$	$\to c_0$

其反应速率方程为

$$\frac{\mathrm{d}x}{\mathrm{d}t} = k\,(c_0 - x)^2 \tag{2.8.1}$$

式中　　k——反应速率常数；

　　　　c_0——反应物的起始浓度；

　　　　x——时间 t 时生成物的浓度。

将上式积分得

$$k\,t = \frac{x}{c_0(c_0 - x)} \tag{2.8.2}$$

在反应过程中，各物质的浓度随时间不断变化。根据本实验物质的特点可简单地通过测定反应进行中系统的电导随时间的变化来度量：由于是稀溶液，可视 CH_3COONa 全部电离，溶液里能参与导电的离子有 Na^+、OH^- 和 CH_3COO^- 等，随着反应的进行，溶液中导电能力强的 OH^- 逐渐被导电能力弱的 CH_3COO^- 所取代，而 Na^+ 浓度不变，因此反应过程中溶液的电导值逐渐下降，其减少量与 OH^- 浓度的减少量（即 CH_3COO^- 浓度的增加量 x）成正比：

$$t = t \qquad\qquad x = \beta(G_0 - G_t) \tag{2.8.3}$$

$$t \to \infty \qquad\qquad c_0 = \beta(G_0 - G_\infty) \qquad\qquad (2.8.4)$$

式中　G_0、G_t 和 G_∞ —— 反应时间 0、t 和反应终了时溶液的电导值；

　　　　β —— 比例常数。

将式（2.8.3）、（2.8.4）带入式（2.8.2），整理后得

$$G_t = \frac{1}{k\,c_0}\frac{G_0 - G_t}{t} + G_\infty \qquad\qquad (2.8.5)$$

显然，若以 G_t 对 $(G_0 - G_t)/t$ 作图可得一直线，从直线斜率即可求得反应速率常数 k。求得两个不同温度下的 k 值之后，再根据阿仑尼乌斯公式［式（2.8.6）］，即可计算出反应的活化能 E_a：

$$E_a = R\,\frac{T_1 T_2}{T_2 - T_1}\ln\frac{k_2}{k_1} \qquad\qquad (2.8.6)$$

三、仪器及试剂

仪器：DDS-307 型数字式电导率仪　1 台　　　　DJS-1 电导电极　1 支

　　　双管反应器　1 套　　　　　　　　　　　恒温槽　1 套

　　　秒表　1 只　　　　　　　　　　　　　　洗耳球　1 个

　　　移液管（20 mL）　2 支

试剂：乙酸乙酯溶液（0.1 mol·L^{-1}，新鲜配制，用煮沸的电导水配制）

　　　氢氧化钠溶液（0.1 mol·L^{-1}，新鲜配制，用煮沸的电导水配制）

　　　电导水

四、实验步骤

1. 实验前准备

调节恒温水浴温度为（20±0.1）℃。打开电导率仪预热 15 min，对仪器进行校正，记录所用电导电极的电极常数，并将电导率仪的相关旋钮调至所需位置（电导率仪的构造及使用请参阅第三章第五节）。

2. κ_{t_1}（20 ℃）的测定

用移液管吸取 20 mL 浓度 0.1 mol·L^{-1} 的 NaOH 溶液于干燥洁净的双管反应器［图 2.8.1（a）］A 池中，用另一根移液管吸取 20 mL 浓度 0.1 mol·L^{-1} 的 CH$_3$COOC$_2$H$_5$ 溶液于 B 池中。A 池塞上带橡皮管的橡皮塞；用电导水淋洗电极，并以滤纸吸干，将电极插入 B 池中，于水浴中恒温 10 min。

用洗耳球通过 A 池的橡皮管口将 NaOH 溶液压入 B 池［如图 2.8.1（b）所示］，使 CH$_3$COOC$_2$H$_5$ 与 NaOH 溶液混合（当溶液压入一半时，开始记录反应时间），注意务必尽量将 NaOH 溶液全部压入 B 池反应（如留有大量的 NaOH 溶液于 A 池，则实验失败），并立即用止水夹将橡皮管夹死，以免溶液返回 A 池。按拟定的时间，以合适档位测量相应的电导率值 κ_t。

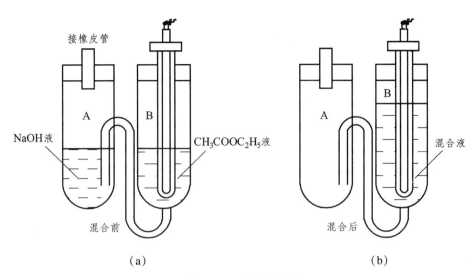

图 2.8.1　双管反应器

3. κ_{t2}（30 ℃）的测定

将恒温水浴温度升至（30±0.1）℃，将双管反应器洗净干燥后，移取 $CH_3COOC_2H_5$ 和 NaOH 溶液各 20 mL，恒温 10 min，重复上述操作进行测定。

4. 后处理

测定完毕后，倾去反应液，用电导水冲洗电极和双管反应器，用滤纸吸干水迹后放回原位。

五、注意事项

（1）实验过程中要很好地控制恒温水浴温度，使其温度波动限制在 ±0.1 ℃ 以内。

（2）当溶液压入一半时为反应开始时间，要保证计时的连续性，直至实验结束。

（3）要保护好电导电极，不可用滤纸用力擦拭，测量时电极头要完全浸没在液面下。

六、附　注

（1）混合溶液时速度要快，但也要防止用力过猛使溶液或橡皮塞冲出，导致实验失败。

（2）由于空气中的 CO_2 会溶入电导水和配制的 NaOH 溶液中，而使溶液浓度发生改变，因此，本实验所用的电导水需事先煮沸，待冷却后使用。在配好的 NaOH 溶液瓶上应装配碱石灰吸收管，加以保存。由于 $CH_3COOC_2H_5$ 溶液会缓慢水解，影响其浓度，且水解产物 CH_3COOH 又会消耗部分 NaOH，故所用的溶液必须新鲜配制。

第五节 表面化学和胶体化学实验

实验九 最大泡压法测绘液体表面张力等温线

一、实验目的

(1) 了解最大泡压法测定液体表面张力的原理，熟悉和掌握其测定技术；
(2) 测定不同浓度乙醇水溶液的表面张力，绘制表面张力等温线。

二、基本原理

1. 基本概念

从热力学观点看，液体缩小表面积是一个自发过程，这是使体系总自由能减小的过程。反之，如欲使液体扩展产生新的表面积 ΔA，则需将内部分子移至表面，反抗分子内聚力而向体系做功 W'，其大小与 ΔA 成正比：

$$-W' = \sigma \Delta A \tag{2.9.1}$$

式中　σ——比例系数，其物理意义为：在恒温、恒压和组成恒定的条件下，增加液体单位表面积时系统所得到的可逆非体积功，此功称为比表面功（$J \cdot m^{-2}$）；σ 也为在与液面相切的方向上，垂直作用于单位长度线段上的紧缩力，称为表面张力（$N \cdot m^{-1}$）。

比表面功与表面张力，是同一性质的两种说法，二者的单位也是相通的。例如，20 ℃时，汞的表面张力 $\sigma = 484 \times 10^{-3} \; J \cdot m^{-2} = 484 \times 10^{-3} \; N \cdot m^{-1}$。

表面张力是液体的重要特性之一，其大小与液体的本性、浓度、温度、压力及接触相的性质等因素有关。表面张力中所指的表面，通常是指该液体与空气接触的界面，若是与其他物质接触的界面，则称界面张力。由于液体的压缩性极小，所以表面张力受常压的影响可略去不计。但是温度对液体表面张力的影响较大，一般来说，表面张力随温度升高而降低，故表示液体的表面张力时，应注明测定时试液的温度。

2. 表面张力等温线

液体的表面张力大小与溶液的组成关系密切。恒温下，向纯溶剂中加入溶质构成溶液时，液体的表面张力将随溶液的浓度不同而变化。这种变化关系常用表面张力-溶液浓度关系曲线（即表面张力等温线）来直观表示（如图 2.9.1 所示）。一般有三类变化关系：Ⅰ类是表面张力随溶液中溶质浓度的增加而增加，这类物质称为表面惰性物质；Ⅱ类是表面张力随浓度的增加而降低，但降低得不多，这类物质称为表面活性

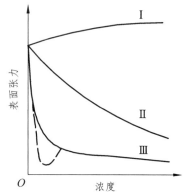

图 2.9.1 表面张力与溶液浓度关系

物质；Ⅲ类是表面张力随浓度的增加起初显著降低，至某一浓度后，表面张力逐渐趋于恒定，这类物质也属于表面活性物质，特别地称为表面活性剂。

3. 液体表面张力的测定方法

测定液体表面张力常见的方法有：毛细管升高法、滴重法、环法和最大泡压法。其中最大泡压法设备简单（可以在实验室自制、装配），操作方便，测定过程中便于恒温，所以应用最为普遍。

本实验采用最大泡压法测定乙醇水溶液的表面张力，实验装置如图2.9.2所示。

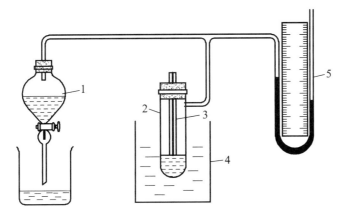

图 2.9.2 最大泡压法测定液体表面张力的装置

1—滴水抽气装置；2—测定管；3—毛细管；4—恒温槽；5—U形压差计

受力分析如图 2.9.3 所示，当毛细管下端面恰好与待测液液面相切时，液体沿毛细管上升。打开滴水抽气瓶的活塞，缓慢放水抽气，使系统内的压力逐渐减小。此时，毛细管口内的液面受到大气压力 p_0，比系统内的压力 p_r 大，从而产生一个压力差，管中液面被逐渐压至管口，并形成气泡。当气泡开始形成时，表面几乎是平的，这时曲率半径 r 最大；随着气泡的形成，曲率半径逐渐变小，直到形成球形时，曲率半径达到最小值，即恰好与毛细管半径 r 相等。根据拉普拉斯（Laplace）方程，此时能承受的压力差达到最大：

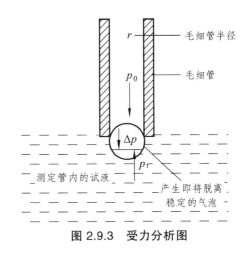

图 2.9.3 受力分析图

$$\Delta p_{max} = p_0 - p_r = 2\sigma / r \qquad (2.9.2)$$

随着继续放水抽气，气泡被压出管口，曲率半径再次增大，根据式（2.9.2），此时气泡表面膜所能承受的压力差必然减小，而测定管中的压力差进一步加大，故立即导致气泡破裂。最大压力差可由 U 形压差计读出：

$$\Delta p_{max} = \rho g \Delta h = 2\sigma / r \qquad (2.9.3)$$

则

$$\sigma = \frac{r}{2} \rho g \Delta h \tag{2.9.4}$$

若准确测定出毛细管口的半径 r，加上压差计内介质的密度 ρ 是已知的，再读出 Δh，即可由式（2.9.4）计算出试液的表面张力 σ。

但是毛细管半径很小不易测准，若直接测量易造成误差，所以一般作相对测定。即使用同一支毛细管和压差计，分别测定两种具有不同表面张力的溶液，按式（2.9.4）有

$$\sigma_0 = \frac{r}{2} \rho g \Delta h_0, \quad \sigma = \frac{r}{2} \rho g \Delta h$$

$$\frac{\sigma}{\sigma_0} = \frac{\Delta h}{\Delta h_0}$$

如果其中一种溶液的表面张力 σ_0 已知，其 Δh_0 由实验测出，则

$$\sigma = \frac{\sigma_0}{\Delta h_0} \Delta h = K \Delta h \tag{2.9.5}$$

式中　　K——对于指定的毛细管和标准溶液（如水）来说为常数，称仪器常数。

求得仪器常数 K 后，再由式（2.9.5）即可计算出待测液的表面张力 σ。

三、仪器及试剂

仪器：恒温槽　1 套　　　　　　　　烧杯　2 只

最大泡压法测定液体表面张力装置　1 套

［包括测定管、毛细玻管（$\phi_{孔径}$=0.2～0.5 mm）、滴水抽气瓶、U 形压差计等］

试剂：无水乙醇　乙醇水溶液（10%、20%、30%、40%、60%、80%）

四、实验步骤

1. 实验前准备

调节恒温水浴温度为（20±0.1）℃。按图 2.9.2 安装布置好测定仪器。

2. 测定仪器常数 K

将玻璃仪器洗涤干净，在测定管内装入适量的水，插入毛细管并保持垂直，调节水的高度，使管内液面恰好与毛细管口下端面相切。置于水浴中恒温 10 min。

慢慢打开滴水抽气瓶的活塞，控制滴液速度，注意使气泡形成速度保持稳定，通常控制在 3 s 一个气泡为宜。测定气泡脱离毛细管口瞬间 U 形压差计的最高和最低液柱值各三次，求平均值的差值得 Δh_0。

3. 测定乙醇溶液的表面张力 σ

按实验步骤 2 分别测定不同浓度的乙醇水溶液，由稀到浓依次进行。每次测量前必须用少量待测液润洗测定管 2～3 次，每次 2～3 mL，尤其是毛细管部分，要确保毛细管内外溶液浓度一致。

4. 后处理

实验完毕后，清洗测定管和毛细管，打开活塞将抽气瓶中的水放出。

五、注意事项

（1）每次测定前，要检查系统的气密性，不应漏气。方法是：用滴帽封闭毛细管上口，打开抽气瓶活塞，滴水抽气。滴水一定时间后，能自行停止，表示系统不漏气；否则，应仔细检查止漏。

（2）毛细管下端口应平整规则，如有缺损不平，弃去不用。毛细管安放要垂直，并处于试液表面的中间位置。

六、附　注

表面活性剂在工业和日常生活中被广泛用做去污剂、乳化剂、润湿剂以及起泡剂等。它们的主要作用发生在界面上，研究这些物质的表面效应是有现实意义的。

实验十　电导法测定水溶性表面活性剂的临界胶束浓度

一、实验目的

（1）了解表面活性剂的特性及胶束形成的原理；
（2）掌握用电导法测定离子型表面活性剂 CMC 的方法。

二、基本原理

1. 表面活性剂

表面活性剂是一类同时具有极性亲水（憎油）基团和非极性憎水（亲油）基团的两亲物质。若按化学结构分类，大致可分为离子型和非离子型两大类：

（1）离子型表面活性剂中以阴离子型表面活性剂应用最为广泛，如羧酸盐（肥皂，$C_{17}H_{35}COONa$），烷基硫酸盐［十二烷基硫酸，$CH_3(CH_2)_{11}SO_4Na$］等；阳离子表面活性剂主要是胺盐，如十二烷基二甲基叔胺［$RN(CH_3)_2HCl$］，十二烷基二甲基氯化铵［$RN(CH_3)_2Cl$］等；此外还有两性离子表面活性剂，如一些氨基酸型分子等。

（2）凡溶于水而不解离又明显具有表面活性作用的物质称为非离子型表面活性剂，主要是聚乙二醇类（$HOCH_2[CH_2OCH_2]_nCH_2OH$）和聚氧乙烯类等。

图 2.10.1（a）表示当浓度很小时，表面活性剂分子在溶液中和表面层中的分布情况。此时若稍微增加表面活性剂浓度，即有部分分子自动聚集于表面层，东倒西歪地将非极性基团翘出水面，使溶液和空气接触面减小，从而溶液表面张力急剧降低。图 2.10.1（b）表示表面活性剂的浓度足够大达到饱和状态时，液面上刚好挤满一层紧密、定向排列的表面活性剂分子构成单分子膜，而在溶液中则自动地几十、几百个聚积在一起，排列成憎水基团向内、亲水基团向外的一定形状的胶束。胶束的形状主要与单体分子的结构有关，可以是球状、棒状、

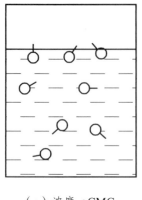
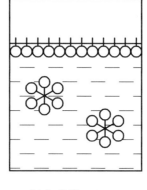
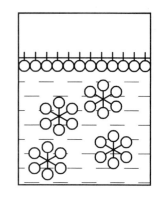

（a）浓度 < CMC　　　　　（b）浓度 = CMC　　　　　（c）浓度 > CMC

图 2.10.1　胶束形成过程示意图

层状和囊（或称袋）状等（如图 2.10.2 所示）。开始形成一定形状的胶束所需表面活性剂的最低浓度称为临界胶束浓度，以 CMC（Critical Micelle Concentration）表示。图 2.10.1（c）是浓度超过 CMC 的情况，此时增加浓度只能使胶束的个数增多，或使胶束所包含的活性分子数增多，溶液的表面张力不会进一步降低，变化趋于平缓。

表面活性剂溶液的许多物理化学性质如电导率、表面张力、渗透压等会随着胶束的形成而发生突变，如图 2.10.3 所示。测定 CMC，掌握影响 CMC 的因素，对于在生产、生活中选择和运用表面活性剂具有重要的实际指导意义（见附注1）。

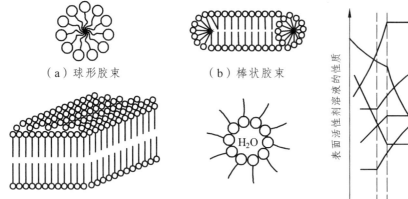

（a）球形胶束　　　　　（b）棒状胶束

（c）层状胶束　　　　　（d）反胶束

图 2.10.2　胶束形状结构示意图　　　　　图 2.10.3　胶束形成前后溶液性质突变

2. 测定表面活性剂 CMC 的方法

原则上，表面活性剂溶液随浓度变化的物理化学性质都可用来测定 CMC，常用的有表面张力法、染色法、增溶作用法、光散射法和电导法等。同一表面活性剂，用不同方法所测得的 CMC 相互间往往不完全一致，但是形成胶束时的这种特征性浓度，利用各种方法测定的结果基本上均落在一个狭小的浓度范围内，如图 2.10.3 的虚线部分内。

3. 电导法测定表面活性剂的 CMC

电导法适合测定离子型表面活性剂的 CMC，且对高活性物质（CMC 小）的测定准确度高，对低活性物质（CMC 大）的灵敏度差。大量无机离子的存在会干扰电导法的测量，此外温度也是影响 CMC 的一个因素。

图 2.10.4 显示了几种表面活性剂溶液其电导性质与浓度的关系。在溶液的电导率 κ 随浓度 c 的变化曲线（或摩尔电导率 Λ_m 随 $c^{1/2}$ 的变化曲线）上，在一定的浓度，均有一个明显的转折点，分别为 a_1、a_2（或 b_1、b_2、b_3），拐点对应的浓度前后，溶液电导性质的变化规律明显不同，该转折点对应的浓度即为 CMC。如果分别测定表面活性剂溶液一系列浓度时的电导率 κ（或摩尔电导率 Λ_m）并作 κ-c（或 Λ_m-$c^{1/2}$ 曲线），即可求得 CMC。

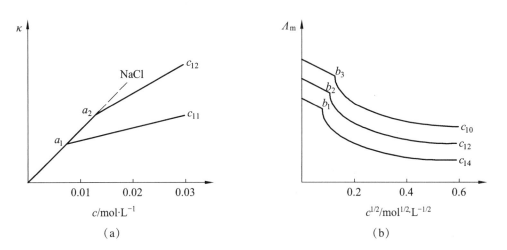

图 2.10.4　几种表面活性剂溶液的电导性质与浓度关系图

三、仪器及试剂

仪器：DDS-307 型数字式电导率仪　1 台　　　　DJS-1 电导电极　1 支

移液管（25 mL，5 mL）各 1 支　　　　锥形瓶（100 mL）　1 只

恒温槽　1 套

试剂：十二烷基硫酸钠标准溶液（0.015 mol·L⁻¹）　电导水

四、实验步骤

1. 实验前准备

调节恒温水浴温度为（25±0.1）℃。打开电导率仪预热 15 min，而后对仪器进行校正，记录所用电导电极的电极常数，并将电导率仪的相关旋钮调至所需位置（电导率仪的构造及使用请参阅第三章第五节）。

2. 表面活性剂溶液系列浓度的配制和电导率的测定

在 100 mL 干燥的锥形瓶中分别用移液管准确量入 25 mL 电导水和 5 mL 十二烷基硫酸钠标准溶液。用电导水淋洗电极，并以滤纸吸干，放入溶液中，置于水浴中恒温 10 min（在恒温过程中用电极轻轻搅动溶液数次，保证温度均匀）。测定其电导率 κ 值，读 3 次取平均值。

此后，每次向锥形瓶中准确量入 5 mL 十二烷基硫酸钠标准溶液，共加 10 次，由稀到浓分别测定各溶液的电导率。各溶液测定前必须恒温 10 min，每个溶液的电导率读取 3 次，取平均值。

3. 后处理

测定完毕后，弃去锥形瓶中的溶液，用电导水充分洗净锥形瓶和电极，用滤纸拭干水迹后放回原位。

五、附 注

（1）表面活性剂的渗透、分散、润湿、乳化、发泡、去污、增溶等作用基本原理被广泛应用于石油、煤炭、机械、化学、冶金材料及轻工业、农业生产中。研究表面活性剂溶液的物理化学性质——表面性质（吸附）和内部性质（胶束形成）有着重要意义。而临界胶束浓度可以作为表面活性剂表面活性的一种量度。因为 CMC 越小，表示该表面活性剂形成胶束所需浓度越低，达到表面（界面）饱和吸附的浓度也越低，因而改变表面性质起到润湿、乳化、增溶、发泡等作用所需的浓度也越低。此外，CMC 又是表面活性剂溶液性质发生显著变化的"分水岭"。因此表面活性剂大量的研究工作都与各种体系中 CMC 的测定有关。

（2）各种表面活性剂的 CMC，一般范围为 $10^{-1} \sim 10^{-4}$ mol·L^{-1}。对未知 CMC 的表面活性剂，测定时应预测 CMC 的数量级，为此，应先配制 0.5×10^{-4}，1×10^{-4}，5×10^{-4}，10×10^{-4}，50×10^{-4}，100×10^{-4}，500×10^{-4}，$1\,000 \times 10^{-4}$，$1\,500 \times 10^{-4}$ mol·L^{-1} 等系列浓度预测一次，以确定 CMC 的数量级，然后再按预测的 CMC 结果，在 CMC 附近设计配制一系列精确浓度的溶液，按上述方法精确测定。

本实验已知十二烷基硫酸钠 CMC 的数量级为 10^{-3} mol·L^{-1}，故可不做预测实验。

第三章 仪器与操作技术

第一节 气体压力的测定和气体钢瓶减压阀的使用

一、基本原理

测定气体体积时，由于其可压缩性和热膨胀系数均较大，一定量的气体，在不同压力或不同温度下，体积有较大的差异，所以应注明所测气体的压力和温度，体积的单位为 m^3。

气体的压力，按其性质和表达方式可分为：

大气压力——地球上空，空气柱产生的压力；

绝对压力——也称总压力，为气体体系的全部压力；

表压力——测压仪表指示出的压力。

绝对压力等于大气压力与表压力之和。

压力也称压强，为单位面积上所受之力，由于力的表达方式和单位不同，压力的单位也有以下几种[①]：

帕斯卡（Pascal）——国际单位制（SI）中采用，为 1 N 之力作用于 $1~m^2$ 面积上产生的压力，称 1 帕斯卡，以 Pa 表示，即 $N \cdot m^{-2}$；

物理大气压——通称标准大气压，指地球大气层的气柱在海平面上的压力。1 物理大气压等于 0 ℃ 时，汞的密度为 13.595 $g \cdot m^{-3}$，重力加速度为 980.665 $cm \cdot s^{-2}$ 时 760 mm 汞柱高所产生的压力，常以 atm 表示；

工程大气压——1 公斤之力（1 kgf）作用在 $1~cm^2$ 面积上产生的压力为 1 工程大气压，单位为 $kgf \cdot cm^{-2}$；

毫米汞柱——有时直接用标准大气压条件下的毫米汞柱高表示压力，1 atm=760 mmHg，1 mm 汞柱压力称为 1 "托"；

毫米水柱——在压力极小的情况下使用，即重力加速度为 980.665 $cm \cdot s^{-2}$，水的密度为 1.000 0 $g \cdot m^{-3}$ 时，1 mm 高水柱产生的压力，以 mmH_2O 表示。

各压力单位之间的换算关系为：

$$1~atm=101~325~Pa=760~mmHg=10~332.57~mmH_2O$$
$$=1.03323~kgf \cdot cm^{-2}=1~013~250~dyne \cdot cm^{-2}$$

$$1~atm \approx 1~kgf \cdot cm^{-2}$$

---

① 国标目前规定的压力单位为 Pa，其他如 atm，mmHg，$kgf \cdot cm^{-2}$，$dyne \cdot cm^{-2}$ 等均已废弃，但现阶段很多工程实际和仪器仪表上仍在使用，故本书中予以保留。——编者注

气体的体积（V），压力（p），温度（T）和气体的物质的量（n）之间的关系，在低压下（$p \leqslant 10^3\,\text{Pa}$）符合理想气体状态方程式，在中压范围（$10^3 \sim 10^5\,\text{Pa}$）也可作为估算的依据，即

$$pV = nRT \tag{3.1.1}$$

式（3.1.1）中各物理量均采用国际单位时，气体常数 $R = 8.314\,\text{J} \cdot \text{K}^{-1} \cdot \text{mol}^{-1}$。

二、气体压力的测定

1. 液柱式压力计

这类压力计结构简单，使用方便，能测出微小的压力差（0.1 mmH$_2$O），但测定的范围不大（约 0.1 mmH$_2$O ～ 1 atm），测定的示值与工作液体的密度、温度和重力加速度有关。常有三种形式，即单管压力计、斜管压力计（可测微小压力差至 0.1 mmH$_2$O）及 U 形压力计，其中 U 形压力计为最常用的一种。

U 形压力计结构如图 3.1.1 所示，由两端开口、垂直安装的 U 形玻璃管和刻度标尺组成,管内装有适量的工作液体作为指示液，在使用时，两个管口分别接通两个气体体系，压力为 p_1 和 p_2，若 $p_1 > p_2$，则产生平衡压力差，工作液柱上升Δh 为指示，此时有：

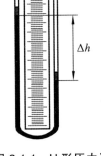

$$p_1 = p_2 + \rho g \Delta h$$
$$\Delta h = (p_1 - p_2)/\rho g \tag{3.1.2}$$

式中　g——重力加速度；

　　　ρ——工作液体的密度。

图 3.1.1　U 形压力计

U 形压力计常用于测定：① 两气体体系的压力差；② 气体体系的表压力（p_1 为测定体系的压力，p_2 为大气压）；③ 气体体系的绝对压力（p_1 为测定压力，p_2 为真空）；④ 气体体系的真空度（p_1 通大气，p_2 为负压——表示真空度）。

用 U 形压力计测定压力，在要求精确度较高的情况下，为使在不同条件下测定的压力处于相同的基准下进行比较，还必须对测定进行以下校正：

（1）液面高度校正：由毛细管现象引起的误差；

（2）温度校正：温度引起的玻璃管、工作液体和读数标尺膨胀变化造成的误差（校正至 0 ℃）。

（3）重力加速度校正：影响较小，常可忽略不校。

U 形压力计的工作液体选择标准是：不与被测气体起化学作用，不互溶，蒸气压要小，膨胀系数和表面张力的温度系数均要小，常用的工作液体如表 3.1.1 所示。

表 3.1.1　U 形压力计中常用的工作液体

名　称	密度 ρ（20 ℃）	膨胀系数 $a/\text{℃}^{-1}$
汞	13.547	1.8×10^{-4}
溴乙烷	2.147	2.2×10^{-4}
四氯化碳	1.594	19.1×10^{-4}
甘　油	1.257	9.5×10^{-4}
水	0.998	2.1×10^{-4}
乙　醇	0.79	11×10^{-4}

2. 气体弹簧压力表

气体弹簧压力表结构如图 3.1.2 所示：金属弹簧管由薄壁金属管制成弧形状，如香蕉一样，一端密闭，称为自由端，并通过连杆与传动齿轮等联动，另一端焊接在测压拉头的另一端，并有气道与弹簧管内腔相通。当有气压作用时，弹簧管的自由端产生弹性位移，由各传动部件推动指针偏转，指示出气体的压力。通常在外界大气压力作用下，指针指示的是"0"压力值，所以压力表指示的均为表压力。气体弹簧管首先由博登（E. Bourdon）发明，所以这种压力表又称博登压力表。

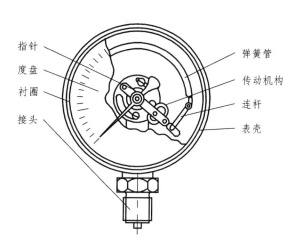

图 3.1.2　气体弹簧压力表的结构

使用时，将测压头直接连通被测压力的系统，由指针即指示出压力值。博登压力表测量的范围很大，一般为零到几百大气压，可以制成在不同压力范围使用的表头，也可以制成测真空度（负压）的表头，工业生产中大量使用，实验室也使用。

三、福廷式气压计

测定大气压力的仪器称气压计，种类很多，实验室最常用的是福廷式气压计，如图 3.1.3 所示。气压计的外部是黄铜管，内部是长 90 cm、上端封闭的玻璃管，管中装有汞，倒插入下部的汞槽内。玻璃管中汞面上部是真空，汞槽下部用羚羊皮袋封住，它既可与大气相通而汞又不会溢出。皮袋下由螺旋支撑，可用来调节槽内汞面的高度。象牙针的尖端是黄铜标尺刻度的零点，利用黄铜标尺上的游标尺，读数的精度可达 0.1 mm 或 0.5 mm。

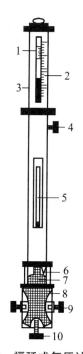

图 3.1.3　福廷式气压计的构造

1—游标尺；2—读数标尺；3—黄铜管；4—游标尺调
节螺旋；5—温度计；6—零点象牙针；7—汞槽；
8—羚羊皮袋；9—固定螺旋；10—调节螺旋

1. 气压计的使用方法

（1）铅直调节。福廷式气压计必须垂直放置，若在铅直方向偏差 1°，在压力为 760 mmHg 时，则测量误差大约为 0.1 mmHg。为此，在气压计下端设计一固定环，在调节时，先拧松气压计底部圆环上的三个螺旋，令气压计铅直悬挂，再旋紧这三个螺旋，使其固定。

（2）调节汞槽内的汞面高度。慢慢旋转底部的汞面调节螺旋，升高汞槽内的汞面，利用汞槽后面白瓷板的反光，注视汞面与象牙针间的空隙，直到汞面刚好与象牙针尖相接触，稍等几秒钟，轻轻扣动铜管使玻璃管上部汞的弯曲处于正常状态，待象牙尖与汞的接触情形无变动时开始下一步。

（3）调节游标尺。转动调节游标螺旋柄，使游标升起比汞面稍高，然后慢慢落下，直到游标底边与游标后边金属片的底边同时和管中汞柱的凸面顶端相切，这时观察者的眼睛和游标尺前后的两个下沿边应在同一水平面，见图 3.1.4。

（4）读取汞柱高度。按照游标下沿零刻线所对标尺上的刻度，读出气压的整数部分（mm 或 kPa），再从游标尺上找出一根恰与标尺某一刻度相吻合的刻度线，此游标尺刻度线上的数值即为气压的小数部分。

（5）整理工作。向下转动汞槽液面调节螺旋，使汞面离开象牙针，记下气压计上附属温度计的温度读数，并从所附的仪器校正卡片上读取该气压计的仪器误差。

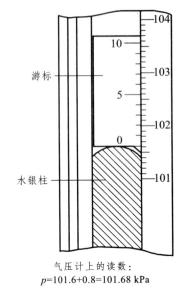

气压计上的读数：
$p = 101.6 + 0.8 = 101.68$ kPa

图 3.1.4　游标尺位置的调节示意图

2. 气压计读数的校正

当气压计的汞柱与大气压力相平衡时，$p_{大气} = g \cdot \rho \cdot h$，但汞的密度 ρ 与温度有关，重力加速度 g 随测量地点不同而异。因此，规定以温度为 0 ℃，重力加速度 $g = 9.806\,65\ \mathrm{m \cdot s^{-2}}$ 条件下的汞柱为标准来度量大气压力，此时汞的密度 $\rho = 13.595\,1\ \mathrm{g \cdot cm^{-3}}$。凡是不符上述规定所读得的大气压力值，除仪器误差校正外，在精密的测量工作中还必须进行温度、纬度和海拔的校正。

（1）仪器误差校正 Δ_K。

由汞的表面张力引起的误差，汞柱上方残余气体的影响，及压力计制作时的误差，在出厂时都作了校正。在使用时，应按照制造厂所附的仪器误差校正卡上的校正值 Δ_K 进行校正。

（2）温度误差校正 Δ_t。

在对气压计进行温度校正时，除了考虑汞的密度随温度的变化外，还要考虑标尺随温度的线性膨胀。设 α 为汞的膨胀系数，β 为刻度标尺的线性膨胀系数，p_0 为 0 ℃ 时的大气压力。那么，经温度校正后的校正值可由下式计算：

$$\Delta_t = p_t - p_0 = -\frac{(\alpha - \beta)t}{1 + \alpha t} p_t \tag{3.1.3}$$

已知汞的 $\alpha = [181\,792 + 0.175t/℃ + 0.035\,116\,(t/℃)^2] \times 10^{-9}\ ℃^{-1}$，黄铜的 $\beta = 18.4 \times 10^{-6}\ ℃^{-1}$。将 α、β 值和室温 t 代入式（3.1.3），即可求得温度校正值 Δ_t。在测量精密度要求不高的情况下，上式也可以简化为：

$$\Delta_t = -1.63 \times 10^{-4} t \cdot p_t \tag{3.1.4}$$

在实际使用中，可查阅表 3.1.2 的数据，该表列出了不同大气压力下的温度校正值，只要将压力计上读得的示值减去该压力、温度下的校正值即为 p_0。

表 3.1.2　温度校正到 0 ℃ 的 Δ_t 值

单位：mmHg

温度 t	710	720	730	740
10	1.16	1.17	1.19	1.21
12	1.39	1.41	1.43	1.45
14	1.62	1.64	1.67	1.69
16	1.85	1.88	1.90	1.93
18	2.08	2.11	2.14	2.17
20	2.32	2.35	2.38	2.41
22	2.55	2.58	2.62	2.65
24	2.78	2.82	2.86	2.89
26	3.01	3.05	3.09	3.13
28	3.24	3.29	3.33	3.37
30	3.24	3.52	3.57	3.61
32	3.70	3.76	3.81	3.85
34	3.95	3.99	4.05	4.09
36	4.17	4.23	4.28	4.33

（表头：观测值 h，校正值 Δ_t，温度 t）

（3）纬度和海拔的校正。

由于国际上用水银压力计测定大气压时，是以纬度 45° 的海平面上重力加速度 $9.806\,65\ \mathrm{m\cdot s^{-2}}$ 为准的。而实验中各地区纬度和海拔都不同，重力加速度值也就不同，所以要作纬度和海拔的校正。设测量地点的纬度为 L，海拔为 H，则校正值分别为

纬度校正值： $\Delta_L = -2.66\times10^{-3}\, p_t \cos 2L$ 　　　　　　(3.1.5)

海拔校正值： $\Delta_H = -3.14\times10^{-7}\, Hp_t$ 　　　　　　(3.1.6)

在实际使用中，可查阅表 3.1.3 和表 3.1.4 的数值。

经上述各项校正之后的真实大气压力数值为：

$$p = pt + \Delta_K + \Delta_t + \Delta_L + \Delta_H \qquad (3.1.7)$$

表 3.1.3　纬度校正到 45° 的 Δ_L 值

单位：mmHg

纬度 L		720	730	760	
28°	62°	1.07	1.10	1.13	
29°	61°	1.01	1.04	1.07	
30°	60°	0.96	0.98	1.01	（成都）
31°	59°	0.90	0.92	0.95	
32°	58°	0.84	0.86	0.89	

（表头：观测值 h，校正值 Δ_L，纬度 L）

成都地区取 720 ～ 740 的平均值 $\Delta_L = \pm 0.97$ mm。

表 3.1.4　高度校正海平面的 Δ_H 值

单位：mmHg

观测值 h 校正值 Δ_H 高度 H	700	750	800
300 m	0.07	0.07	0.07
400 m	0.09	0.10	0.10
500 m（成都）	0.11	0.12	0.13
600 m	0.13	0.14	

成都地区取 700～750 的平均值 $\Delta_H = \pm 0.11$ mm。

四、气体钢瓶减压阀

在物理化学实验中，经常要用到氧气、氮气、氢气、氦气等气体，这些气体一般是存储在专用高压气体钢瓶中，使用时通过减压阀使气体压力降至实验所需范围，再经过其他控制阀门细调，输入使用系统。最常用的减压阀为氧气减压阀，简称氧压表。

1. 氧气减压阀的工作原理

氧气减压阀的外观及工作原理见图 3.1.5 和图 3.1.6。

氧气减压阀的高压腔与钢瓶连接，低压腔为气体出口，通往使用系统。高压表的示值为钢瓶内储存气体的压力。低压表的出口压力可由调节螺杆控制。

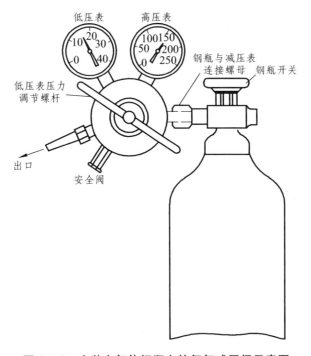

图 3.1.5　安装在气体钢瓶上的氧气减压阀示意图

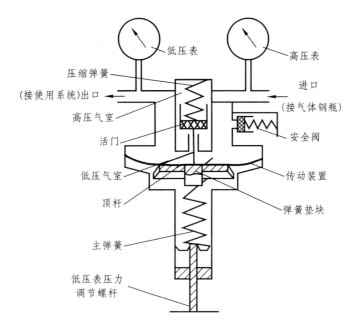

图 3.1.6 氧气减压阀工作原理示意图

使用时先打开钢瓶总开关，然后顺时针转动低压表压力调节螺杆，使其压缩主弹簧并传动薄膜、弹簧垫块和顶杆而将活门打开。这样进口的高压气体由高压室经节流减压后进入低压室，并经出口通往工作系统。转动调节螺杆，改变活门开启的高度，从而调节高压气体的通过量并达到所需的减压压力。

减压阀都装有安全阀，它是保护减压阀安全使用的装置，也是减压阀出现故障的信号装置。如果由于活门垫、活门损坏或其他原因，导致出口压力自行上升并超过一定许可值时，安全阀会自动打开排气。

2. 氧气减压阀的使用方法

（1）按使用要求的不同，氧气减压阀有多种规格。最高进口压力大多为 $150\,kgf\cdot cm^{-2}$（约 $150\times10^5\,Pa$），最低进口压力不小于出口压力的 2.5 倍。出口压力规格较多，一般为 $0\sim1\,kgf\cdot cm^{-2}$（约 $1\times10^5\,Pa$），最高出口压力为 $40\,kgf\cdot cm^{-2}$（约 $40\times10^5\,Pa$）。

（2）安装减压阀时应确定其连接规格是否与钢瓶和使用系统的接头相一致。减压阀与钢瓶采用半球面连接，靠旋紧螺母来使其完全吻合。因此，在使用时应保持该两个半球面的光洁，以确保良好的气密效果。安装前可用高压气体吹除灰尘。必要时也可用聚四氟乙烯等材料做垫圈。

（3）氧气减压阀应严禁接触油脂，以免发生火警事故。

（4）停止工作时，应先将钢瓶总开关关紧，然后将减压阀中余气放尽，最后拧松调节螺杆以免弹性元件长久受压变形。

（5）减压阀应避免撞击振动，不可与腐蚀性物质相接触。

3. 其他气体减压阀

对于有些气体，如氮气、空气、氩等永久气体，可以采用氧气减压阀，但还有一些气体，如氨等腐蚀性气体，则需要专用减压阀。目前常见的有氮气、空气、氢气、氨、乙炔、丙烷和水蒸气等专用减压阀。

这些减压阀的使用方法及注意事项与氧气减压阀基本相同。但必须指出：第一，专用减压阀一般不用于其他气体；第二，为了防止误用，有些专用减压阀与钢瓶之间采用特殊连接口，如氢气和丙烷均采用左牙纹，也称反向螺纹，乙炔的进口用轧蓝，出口也用左牙纹等。安装时都应特别注意。

第二节　温度的测定和控制

一、基本原理

温度是七个基本物理量之一，也是最难测量准确的一个物理量。

1848 年开尔文（Kelvin，1824—1907）根据热力学定律来定义温度，即温度是与物质的性质无关，只与传递给物质的热量成正比的一个物理量，称为热力学温度。测定热力学温度建立的温标，称热力学温标（绝对温标），单位为开尔文（K）。国际公认，一切温度的测量都应以热力学温度为准。但是，测定热力学温度的仪器十分复杂，而且需要经过多项修正才能得到测定值，不利于实际应用。

1927 年国际协商,拟定出国际实用温标(IPTS)来统一国际温度量值,单位为摄氏度(°C)。其原则大意是：采用拟合的方法，确定一系列相平衡的实用温度（作为定义点），并赋予最佳的热力学温度值，例如，水的三相点确定其实用温度为 0.01 °C，赋予相应的热力学温度为273.15 K，在标准大气压下，水的沸点确定为 100 °C（373.15 K）；其次确定计算各定义点之间温度的内插计算公式，并指定测定温度的标准仪器。这样，按实用温标测定的温度值与热力学温度之间的差值不会超过 0.05 °C。

综上所述，可以认为摄氏温度差值 1 °C 与热力学温度差值 1 K 是相等的，于是可得绝对温度与摄氏温度之间的关系为

$$绝对温度＝摄氏温度＋273.15 \quad （K）$$

二、一些常用温度计的使用和选择

在一般中温区（0～630.74 °C），常用以下一些测温温度计。

1. 气体压力指针式温度计

特点为测温点（感温元件）与观察点（指示表头）之间约有 10 m 长的距离（用细径紫铜管连接感温元件和指示表头），可以根据需要方便地移动观察点的位置和方向，常用于制药厂蒸气烘箱、蒸气加热灭菌釜等的温度测定（－80～600 °C）。

2. 双金属片指针式温度计

特点是能耐受测温环境和测温体的振动，常用于运动中或振动中的机器温度的测定，如汽车、火车发动机的温升测定。利用双金属片原理，常作为恒温电烘箱的热电转换元件，起

自动恒温作用（﹣80～600 ℃）。

3．电阻温度计

可以制成精密度很高的温度计，制成数字显示的温度计，读数十分直观，可以制成自动控温、自动记录的温度仪表，还可以制成低温（﹣200～0 ℃）温度计。

4．玻璃水银温度计

这是一类科学实验中最常用的温度计，按测温范围和制造精度可分为以下几种。

（1）一等标准水银温度计：9 支组成一套，测量范围﹣30～300 ℃，在 0～100 ℃ 范围，允许误差为 ±0.10 ℃，其他温度范围最大误差不得超过 ±0.25 ℃。

（2）二等标准水银温度计：7 支组成一套，测温范围﹣30～300 ℃。在﹣30～100 ℃ 范围，允许的使用误差为 ±0.20 ℃。其他温度范围最大使用误差不得超过 ±0.40 ℃（使用中的温度计的误差为使用误差，比新制品的误差大一些）。

（3）工作用玻璃水银温度计：这是一类无等级的温度计，在实际工作中使用最为普遍。根据分度值的大小，又分为精密温度计和普通温度计，其允许误差列于表 3.2.1 中。

表 3.2.1　精密和普通玻璃温度计允许误差

温度计的上限或上下限的温度范围	分　度　值											
	0.1		0.2		0.5		1		2		5	
	精 密 温 度 计											
					精 密 温 度 计							
	全浸	局浸	全浸	局浸	全浸	局浸	全浸	局浸	全浸	局浸	全浸	局浸
﹣30 ～ 100 ℃	±0.2	–	±0.6	–	±0.5	±1.0	±1.0	±1.5	±2.0	±3.0	–	–
>100 ℃～200 ℃	±0.4	–	±0.4	–	±1.0	±1.5	±1.5	±2.0	±2.0	±3.0	–	–
>200 ℃～0 ℃	±0.6	–	±0.6	–	±1.0	–	±1.5	±2.0	±2.0	±3.0	±5.0	±7.5

按照工作方式的不同，又有：

全浸式温度计——使用时，应全部放入被测温区内。

局浸式温度计——使用时，局部插入被测温区内。

温度计上应有标志（横线或文字）表明该温度计为局浸式时的浸没深度，或标明为"全浸"。如果未按规定方式使用，应进行露出液柱校正或称露茎校正。

玻璃温度计使用中的常见误差及校正：

零点偏移——玻璃老化，水银泡收缩，造成零点永久性上升；上一次使用后，冷却的快慢不同，玻璃泡收缩的滞后状况也不同，造成零点暂时性下降。一般用精度高一级的温度计检验修正。

露茎误差——未按规定的浸没方式使用时，因膨胀率的变化造成露茎误差。示值应按下式修正：

$$\Delta t_{露} = 1.6 \times 10^{-4} h(t_{观} - t_{环})$$

式中　$\Delta t_{露}$——露茎的温度修正值；

1.6×10^{-4}——水银对玻璃的相对膨胀系数（$^\circ C^{-1}$）；

h——露出被测体系之外的水银柱长度，称为露茎高度，以温度差值（$^\circ C$）表示；

$t_{观}$——测量温度计上的读数；

$t_{环}$——环境温度，可用一支辅助温度计读出，其水银球应置于测量温度计露茎高度的中部。

$$实际值 = t_{观} + \Delta t_{露}$$

5. 贝克曼温度计

（1）结构和原理。

贝克曼温度计是一种移液式玻璃水银温度计，它不能测定温度的实际值，但能精密测定温度的差值，适用于量热或其他需要测量微小温差的场合。贝克曼温度计分为精密型（误差 $\leqslant \pm 0.010\ ^\circ C$）和普通型（误差 $\leqslant \pm 0.020\ ^\circ C$），局浸式使用，测量范围 $-20 \sim 125\ ^\circ C$，其构造如图 3.2.1 所示。

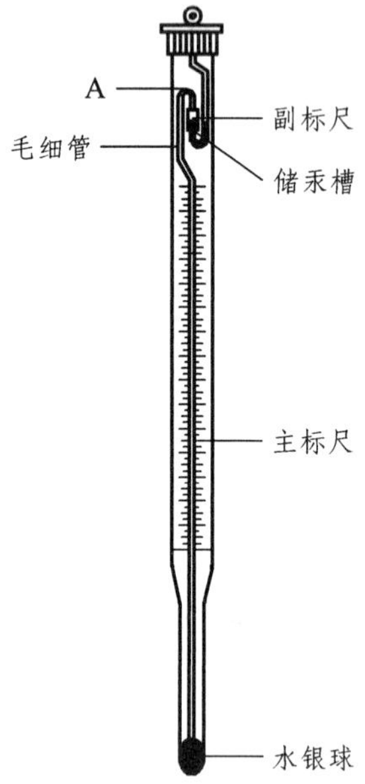

贝克曼温度计上端装有一个储汞槽，水银球与储汞槽之间由均匀的毛细管相连，储汞槽用来储存、补给水银球内多余或不足的水银量，以测量不同温度区间的差值，管中除汞外是真空。温度计有两个标尺，主标尺用来测定温差，全部示值范围为 $0 \sim 5\ ^\circ C$（或 $0 \sim 6\ ^\circ C$），最小分度为 $0.010\ ^\circ C$ 或 $0.020\ ^\circ C$；副标尺标出测量的温度范围，在调整主标尺的测温区间，增、减水银球中的水银量时，可作为参考，最小分度为 $2\ ^\circ C$。

（2）使用方法。

根据不同实验的需要，贝克曼温度计的测量范围不同，因此必须调整水银球内的水银量，使水银面处在主标尺的合适范围内。例如，在燃烧热实验中，预计物质在燃烧后会使系统温度上升 $2\ ^\circ C$ 左右，那么对于主标尺刻度为 $5\ ^\circ C$ 的贝克曼温度计来说，起始水银面的合适位置应该在 $0 \sim 2.5$ 刻度范围（以反应前后都能在主标尺上读出数值为准）。所以首先应该将贝克曼温度计插入与所测起始温度相同的调温水内，待平衡后，如果毛细管的水银面在所要求的合适刻度附近，就不必调整。否则应按下述步骤进行调整：

① 若水银面低于合适刻度，说明水银球内的水银量不足，需要从储汞槽中补充一些过来。方法是：手握温度计使倒置，然后握住温度计轻微抖动一下（破除水银的停止态惯性），使主标尺中的水银在毛细管顶端 A 处与储汞槽中的水银连接起来。将温度计慢慢地转正过来（注意勿使水银从 A 处断开），使水银被引流，虹吸回水银球，利用副标尺了解储汞槽水银的流出量。将温度计插入调温水内约 $30\ s$，待水银热胀冷缩重新达平衡后，用右手握住温度计中部，立即用左手沿温度计轴向轻敲右手手腕，使水银脱离分开。可如此反复调整，使体系的起始温度恰好落在温度计合适刻度内。

② 若水银面高于合适刻度，说明水银球内的水银量过多，需要向储汞槽导出一些。方法是：手握温度计中部将其倒置，以同样方法使水银在 A 处连接，此时主标尺中水银会自动流

图 3.2.1 贝克曼温度计构造图

向储汞槽中，于调温水中平衡，同时利用副标尺了解储汞槽水银流入量，而后正置轻敲使水银断开，如此反复调整到合适位置。

（3）注意事项。

① 贝克曼温度计属于较贵重的玻璃仪器，由薄玻璃制成，并且毛细管较长，易受损坏，所以一般只应放置于三处：安装在使用仪器上；放置在温度计盒中；握在手中。而不应任意搁置。

② 调节时，注意勿使它受骤热或骤冷，以防止温度计破裂。另外操作时动作不可过大，避免重击，并与实验台要有一定距离，以免触到实验台上损坏温度计。

③ 在调节时，如果温度计下部水银球中的水银与上部储槽中的水银始终不能相接，应停下来，检查一下原因，不可一味对温度计升温，致使下部水银过多地导入上部储槽中。调节好温度计后，注意勿使毛细管中的水银再与储槽中的水银相接。

6. 热电偶温度计

两种不同的金属丝，两端焊接在一起构成闭合回路，中间再串联一个直流电压表。如果两焊接点的温度不相等，则电压表能反映出有电动势产生，称此为温差电（动）势，其值的大小与两焊接点的温度有关。如果将一个焊接点保持在恒定的温度下，称为冷端（如放在冰-水浴中，或用补偿导线修正后保持为室温），则温差电势只与另一端（热端）的温度有关。这两根端点焊接在一起的异种金属丝称为热电偶，按上述原理，若配合以测定热电势的精密电压表，在标尺上按热电偶的电压-温度特性对应值，标示成规定分度号的温度数值，即组成了一套热电偶温度计。热电偶温度计有如下一些特点：

（1）灵敏度高，如铜-康铜热电偶可达 $40\,\mu V\cdot{}^{\circ}C^{-1}$，测定精度可达 0.01 ℃。

（2）重复性好，可作为温度标准传递过程中的标准量具。

（3）量程宽，一般用同一支热电偶温度计可以实现由室温到 1 000 ℃（或更高）范围内温度的测定。

（4）非电量变换，与现代电子学结合，可以实现自动显示（数字示温）、自动记录、自动控温及复杂的温度数据变换处理等。

选用热电偶温度计须知：

热电偶温度计多用于高温区（630.74 ℃ 以上）温度的测定，由于热电偶的种类较多，各自的测温最高限也不相同，所以应根据所测的最高温度，选择适合的热电偶。再配合规定相应的指标仪表后，在所测的最高温度时，仪表指针指示值应在全量程的约 2/3 部位最为恰当（误差小）。此外，各种型号（商品）的热电偶，应配有规定分度号的指示（温度）仪表，分度号不同的指示仪表不能互换使用，例如，国产铂铑 10-铂热电偶，型号为 WRLB，与其配套的温度指示仪表分度号为 LB-3，而镍铬-镍硅（铝）热电偶的型号为 WREU，其仪表的分度号为 EU-3，这两种热电偶与指示仪表间就不能互换使用。

三、温度的控制

在科学实验中，常需要控制恒温，常用的恒温设备有：自动恒温电烘箱、自动恒温高温电炉和恒温槽。

1. 自动恒温电烘箱

一般简称电烘箱，是实验室的必备设备之一，图 3.2.2 所示为电烘箱的外部操作控制图。

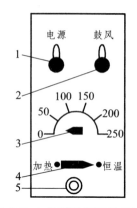

（1）电源开关。

（2）鼓风机开关：手动间歇鼓风，使烘箱内温区均匀，同时使被烘物体的水分迅速蒸发排走。中小型烘箱无鼓风设备。

（3）恒温温度选择控制旋钮：附有数字刻度盘，其数值与恒温温度的对应（粗略）关系由使用经验决定，实际的烘箱温度由烘箱顶部插入的水银温度计读数为准。

（4）电加热选择开关：在开始升温时，旋转至加热档，用大功率的电热丝加热，使箱温迅速升高。当温度升到接

图 3.2.2 电烘箱外部操作控制图

近设定的恒温温度时（比设定恒温温度低 3～5 ℃），转换成恒温档位，用小功率电热丝加热。这样在达到恒温及恒温作用过程中，由较小的热滞后所引起的误差较小。

（5）指示灯：一般当烘箱接通电源，但未加热时，显白炽灯光；正在加热时，显红色光。

电烘箱的主要优缺点：

由于使用的是双金属片热电自动转换元件，特别耐温，使用寿命长；同时，因转换元件是机械接触传动，易受振动影响，恒温温度的复现性、精度均差，通常恒温温度波动为 −5 ℃。另外，烘箱内上下部位温度梯度在无鼓风机时较大。

2. 自动恒温高温电炉（一般 ≤ 1 300 ℃）

由炉体、热电偶和温度显示调节仪表组成，以常用的 XCT-101 指示调节仪配成的高温电炉为例（如图 3.2.3、图 3.2.4），使用方法如下：

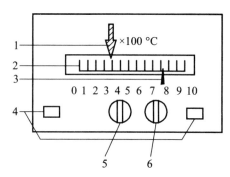

（1）温度指针。

（2）温度刻度标尺。

（3）恒温温度定位调节指针：当电炉升温，温度指针向右移动至定位指针位置时，即能自动停止加热（通过仪表内部的电子线路执行），并使电炉温度恒定为定位指针设定的温度值。

图 3.2.3 XCT-101 型自动恒温高温电炉

（4）指示灯：一般红灯表示加热，绿灯表示停止加热。

图 3.2.4 仪器型号的意义

（5）温度指针零位调节器：在电炉未加热时，应调节零位调节器，使温度指针移动至指示室温刻度。

（6）定位指针调节器：旋动时，可以带动定位指针移动至任意设定的一个恒温温度值的位置，此后由仪表内部的电子线路自动控制加热（或停止）使电炉温度恒定为设定的温度。

3. 恒温槽

（1）超级恒温槽：是由保温铁（或铝合金）桶、高速搅拌器（兼恒温液体输出泵）、输入冷却液（循环）的蛇形管、电加热器（大小功率各一组）、精密温度计、水银接触温度计和电子继电器组装而成的成套设备。液体输出泵可以将恒温液体输送至槽外欲恒温的仪器（如阿贝折光仪、精密旋光仪等）上使用。

外部的低温液体可以通过蛇形管循环，使槽内液体迅速冷却，或使恒温槽在低温区（0 ℃以下）恒温工作。

恒温槽的恒温介质有以下几种：

乙醇或乙醇的水溶液	$-60 \sim 30$ ℃
水	$0 \sim 90$ ℃
甘油	$80 \sim 160$ ℃
液体石蜡或硅油	$70 \sim 200$ ℃

特点：① 功能齐全，可以在低温区工作（需另备低温液体源，如冷冻盐水）。

② 在恒温后，工作温区内的水平温差和垂直温差均极小。

③ 精度高，温度波动误差$< \pm 0.05$ ℃。

（2）普通恒温槽：如图 3.2.5 所示，一般用圆柱形玻璃缸（400×400 mm）做槽体，由可调搅拌器、电热器（$300 \sim 1\,500$ W）、精密温度计、水银接触温度计和电子继电器等部件组装而成。

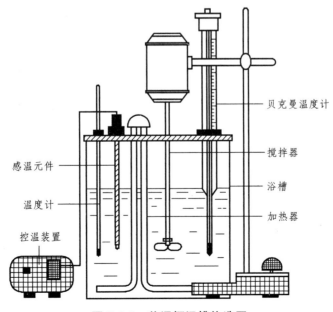

图 3.2.5　普通恒温槽构造图

① 浴槽：通常采用玻璃以利于观察，其容量和形状视需要而定。物理化学实验一般采用 10 L 圆形玻璃缸。浴槽内的液体一般采用蒸馏水。恒温超过 100 °C 时可采用液体石蜡或甘油等。

② 加热器：常用的是电热器。根据恒温槽的容量、恒温温度以及与环境的温差大小来选择电热器的功率。

③ 搅拌器：一般采用 40 W 的电动搅拌器，用变速器来调节搅拌速度。

④ 温度计：常用 1/10 °C 的温度计作为观察温度用。为了提高测定恒温槽温度的灵敏度，也可使用 1/100 °C 的温度计或贝克曼温度计。

⑤ 感温元件：它是恒温槽的感觉中枢，是提高恒温槽精度的关键所在。感温元件的种类很多，如水银接触温度计（水银接触温度计的实物见图 3.2.6，构造见图 3.2.7）、热敏电阻感温元件等。

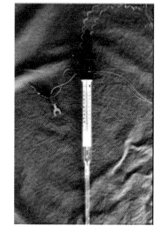

图 3.2.6　水银接触温度计的实物图

水银接触温度计又称水银导电表。水银球上部焊有金属丝，温度计上半部有另一金属丝，两者通过引出线接到继电器的信号反馈端。接触温度计的顶部有一磁性螺旋调节帽，用来调节金属丝触点的高低。同时，从温度计调节指示螺母在标尺上的位置可以估读出大致的控温设定温度值。浴槽温度升高时，水银膨胀并上升至触点，继电器内线圈通电产生磁场，加热线路弹簧片跳开，加热器停止加热；随后浴槽热量向外扩散，使温度下降，水银收缩并与触点脱离，继电器的电磁效应消失，弹簧弹回，接通加热器回路，系统温度又开始回升。这样接触温度计反复工作，使系统温度得到控制。

⑥ 晶体管继电器：利用传感器来控制继电器。由于这种温度控制装置属于"通"、"断"类型，而传质、传热都有一个速度，因此会出现温度传递的滞后。即当继电器处于"通"转向"断"时，电热器附近的水温已经超过了指定的温度，恒温槽温度必高于指定温度；同理，降温时也会出现滞后状态。

（a）接触温度计上部

（b）接触温度计上部刻度
（此时调节的温度约为 26 °C）

（c）接触温度计下部

图 3.2.7　水银接触温度计的构造图

第三节　阿贝折光仪

　　折光率是很多液体药物规定的理化常数指标之一，测定折光率可以鉴定药液的纯度或定量地分析药液的组成。同时，物质的摩尔折射度、摩尔质量、密度、极性分子的偶极矩等也都与折光率相关，因此折光率的测定是物质结构研究工作的一种重要手段。阿贝折光仪可直接用来测定液体的折光率，所需样品量少，测量精密度高，重现性好，是教学实验和科研工作中常用的光学仪器。

一、基本原理

　　当一束光从一种各向同性的介质 m 进入另一种各向同性的介质 M 时，不仅光速会发生改变，如果传播方向不垂直于 m/M 界面，还会发生折射现象，如图 3.3.1 所示。

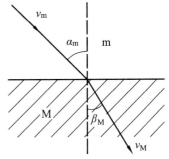

　　按斯耐尔（Snell）折射定律，波长一定的单色光，在温度、压力不变的条件下，其入射角 i_m 和折射角 r_M 与两种介质的折光率 n（介质 M 的），N（介质 m 的）的关系：

$$\frac{\sin i_m}{\sin r_M} = \frac{n}{N} \qquad (3.3.1)$$

　　如果介质 m 为真空，规定 $N_{真空}=1$，则

$$n = \frac{\sin i_{真空}}{\sin r_M} \qquad (3.3.2)$$

图 3.3.1　光在不同介质中的折射

n 称为介质 M 的绝对折射率。如果介质 m 为空气，则 $N_{空气} = 1.000\,27$（空气的绝对折射率），因此

$$\frac{\sin i_{空气}}{\sin r_M} = \frac{n}{N_{空气}} = \frac{n}{1.000\,27} = n' \qquad (3.3.3)$$

n' 称为介质 M 对空气的相对折射率。因 n' 与 n 相差极小，通常就以 n' 作为介质的绝对折射率（在精密测定时，必须校正）。由于是对光线的折射，所以折射率也称折光率。

　　折光率以符号 n 表示，由于它与波长有关，因此在其右下角以字母表示测定时所用单色光的波长，D、F、G、C……分别表示钠的 D（黄）线、氢的 F（蓝）线、G（紫）线、C（红）线等；此外折光率还与介质的温度有关，因而在 n 的右上角注以测定时的介质温度（℃）。例如，n_D^{20} 表示 20 ℃ 时介质对钠光 D 线的折光率。

　　大气压对液体的折光率影响很小，一般可略去不计。

二、阿贝（Abbe）折光仪测定液体介质折光率的原理

　　阿贝折光仪是根据临界折射现象设计的，如图 3.3.2 所示，试样 m 置于测量棱镜 P 的镜

面 F 上,而棱镜 P 的折光率 n_P 大于试样的折光率 n。如果入射光 1 正好沿着棱镜与试样的界面 F 射入,其折射光为 1′,入射角 $i_1 = 90°$,折射角为 r_c,此即临界折射角,因为再没有比 r_c 更大的折射角了。大于临界角的构成暗区,小于临界角的构成亮区。因为光线经过毛玻璃面产生漫反射,产生的各向光线进入试液界面,如光线 2、3 等,并均在临界角范围以内产生各向的折射光 2′、3′ 等,故在临界角范围内构成亮区。由此知,临界角具有特征意义,根据式(3.3.1)得:

$$n = n_P \frac{\sin \beta_c}{\sin 90°} = n_P \sin \beta_c \qquad (3.3.4)$$

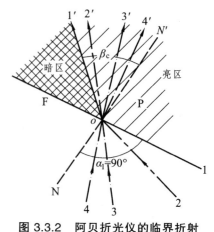

图 3.3.2　阿贝折光仪的临界折射

显然,如果已知棱镜 P 的折射率 n_P,并且在温度、单色光波长都保持恒定值的实验条件下,测定临界角 r_c 就能求出试样的折光率 n。

根据测定临界折射角确定折光率而设计的仪器,最常用是阿贝折光仪。

三、阿贝(Abbe)折光仪的构造

1. 仪器光学部分(图 3.3.3)

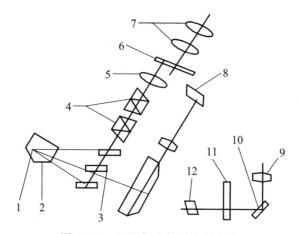

图 3.3.3　阿贝折光仪的光学部分

1—进光棱镜；2—折射棱镜；3—摆动反光镜；4—消色散棱镜组；5—望远物镜组
6—分划板；7—目镜；8—平行棱镜；9—读数物镜；10—反光镜；11—刻度板；12—聚光镜

进光棱镜(1)与折射棱镜(2)之间有一微小均匀的间隙,被测液体就放在此空隙内。当光线(自然光或白炽光)射入进光棱镜(1)时便在其磨砂面上产生漫反射,使被测液层内有各种不同角度的入射光,经过折射棱镜(2)产生一束折射角均大于出射角 i 的光线。由摆动反光镜(3)将此束光线射入消色散棱镜组(4),此消色散棱镜组是由一对等色散阿米西棱镜组成,其作用是获得一可变色散来抵消由于折射棱镜对不同被测物体所产生的色散。再由望远镜(5)将此明暗分界线成像于分划板(6)上,分划板上有十字分划线,通过目镜(7)

能看到如图 3.3.4 所示的图像。

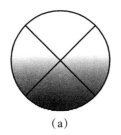 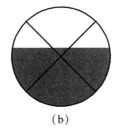 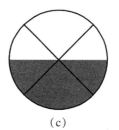

（a） （b） （c）

图 3.3.4 目镜视场中的图像

光线经聚光镜（12）照明刻度板（11），刻度板与摆动反光镜（3）连成一体，同时绕刻度中心作回转运动。通过反光镜（10）、读数物镜（9）、平行棱镜（8）将刻度板上不同部位的折射率示值成像于分划板（6）上。

2. 结构部分（图 3.3.5）

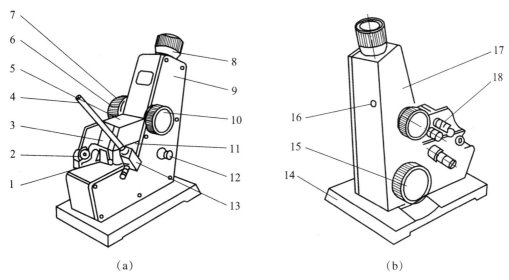

（a） （b）

图 3.3.5 阿贝折光仪结构

1—反射镜；2—转轴；3—遮光板；4—温度计；5—进光棱镜座；6—色散调节手轮；7—色散值刻度圈；8—目镜；9—盖板；10—锁紧手轮；11—折射棱镜座；12—照明刻度盘聚光镜；13—温度计座；14—底座；15—折射率刻度调节手轮；16—调节小孔；17—壳体；18—恒温器接头

底座（14）为仪器的支承座，壳体（17）固定在其上。除棱镜和目镜以外全部光学组件及主要结构封闭于壳体内部。棱镜组固定于壳体上，由进光棱镜、折射棱镜以及棱镜座等结构组成，两只棱镜分别用特种黏合剂固定在棱镜座内。（5）为进光棱镜座，（11）为折射棱镜座，两棱镜由转轴（2）连接，进光棱镜能打开和关闭，当两棱镜座密合并用手轮（10）锁紧时，二棱镜面之间保持一均匀的间隙，被测液体应充满此间隙。（3）为遮光板，（18）为四只恒温器接头，（4）为温度计，（13）为温度计座，可用乳胶管与恒温器连接使用。（1）为反射镜，（8）为目镜，（9）为盖板，（15）为折射率刻度调节手轮，（6）为色散调节手轮，（7）

为色散值刻度圈，（12）为照明刻度盘聚光镜。

四、阿贝（Abbe）折光仪的使用方法

1. 测定透明、半透明液体

（1）打开进光棱镜座（5），用擦镜棉球（丙酮和乙醇浸泡）轻轻擦拭棱镜上下表面，待擦镜液挥发干后，用滴管滴加试样于折射棱镜（11）的表面，要求液层均匀，充满视场，无气泡。闭合进光棱镜，用手轮（10）锁紧。（注意：滴加时勿使滴管尖碰触镜面）

（2）打开遮光板（3），合上反射镜（1），调节目镜视度，使十字线成像清晰。

（3）旋转手轮（15），在目镜视场中找到明暗分界线的位置，再旋转手轮（6）使分界线不带任何彩色，微调手轮（15），使分界线位于十字线的中心，再适当转动聚光镜（12），找到如图 3.3.4（c）的测定点，此时目镜视场下方显示的示值即为试样的折射率。

（4）仪器的校正：用一种已知折光率的标准液体，一般使用纯水，按上述方法进行测定，将平均值和标准值比较。纯水的 n_D^{25} =1.332 5，在 15～30 ℃ 之间的温度系数为 –0.000 1 ℃⁻¹。如果测量数据与标准值有偏差，则要在试样的测量值中扣除。

2. 测定透明固体

被测物体上需有一个平整的抛光面。把进光棱镜打开，在折射镜的抛光面加 1～2 滴折射率比被测物体高的透明液体（如溴代萘），并将被测物体的抛光面擦干净放上去，使其接触良好，此时便可在目镜视场中寻找分界线，瞄准和读数的操作方法如前所述。

3. 测定半透明固体

用上法将待测半透明固体上抛光面粘在折射棱镜上，打开反射镜并调整角度，利用反射光束测量，具体操作方法同上。

4. 测定蔗糖溶液质量分数（糖度 Brix）

操作与测量液体折射率时相同，此时直接从视场中示值上半部读出的读数，即为蔗糖溶液质量分数。

5. 测定平均色散值

基本操作方法与测量折射率时相同，只是向两个不同方向转动色散调节手轮时，使视场中明暗分界线无彩色为止，此时需记下每次在色散值刻度圈上指示的刻度值 Z，取其平均值，再记下其折射率 n_D。根据折射率 n_D 值，在阿贝折射仪色散表的同一横行中找出 A 和 B 值（若 n_D 在表中两数值中间，用内插法求得）。再根据 Z 值在表中查出相应的 α 值，当 $Z>30$ 时 α 值取负值，当 $Z<30$ 时 α 取正值，按照所求出的 A、B、α 值代入色散值公式

$$n_f - n_C = A + B\alpha$$

就可求出平均色散值。

6. 测量不同温度时的折射率

将温度计旋入温度计座中，接上恒温器的通水管，把恒温器的温度调节到所需测量温度，接通循环水，待温度稳定 10 min 后，即可测量。

五、注意事项

（1）仪器应放置在干燥、空气流通和温度适宜的地方，以免光学零件受潮发霉。
（2）仪器使用前后及更换试样时，必须先清洗擦净折射棱镜的上下表面。
（3）仪器应避免强烈振动或撞击，防止光学零件震碎、松动而影响精度。
（4）使用者不得随意拆卸仪器。发生故障或达不到精度要求时，应及时送修。

第四节　旋光仪

一、基本原理

1. 旋光性与比旋光度

对某些物质旋光性的研究，可以帮助了解其立体结构的许多重要规律。所谓旋光性，是指某一物质在一束平面偏振光通过时，能使光的振动方向转过一个角度的性质，这个角度称为旋光度。角度转动的方向和转角的大小，与该物质分子的立体结构（如分子中存在不对称碳原子）有关，此外还受多种实验条件特别是溶液浓度、样品管长度、光源波长及温度等的影响，因此只有相对意义。为了比较各种物质旋光性的大小，对实验条件作出统一规定，提出"比旋光度"的概念：规定以钠光灯 D 线作为光源，温度为 20 ℃ 时，样品管长度为 10 cm，样品浓度为每立方厘米溶液中含旋光物质 1 g 时，所产生的旋光度，用符号 $[\alpha]_D^{20}$ 表示，它与上述各种实验因素的关系为

$$[\alpha]_D^{20} = \frac{\alpha \cdot 10}{l \cdot c} \tag{3.4.1}$$

式中　"20"——实验温度为 20 ℃；

　　　D——旋光仪所采用的钠灯光源 D 线的波长（即 589 nm）；

　　　α——测得的旋光度（°）；

　　　l——样品管长度（cm）；

　　　c——试样的浓度（g·cm^{-3}）。

比旋光度可用来度量物质的旋光能力，并有左旋性和右旋性的区别。如测定时，旋光仪的检偏镜是沿逆时针方向转动，则被测物质为左旋物质，并在测定的数据前面加负号"－"。例如，尼古丁的苯溶液 $[\alpha]_D^{20} = -146°$，麦芽糖的水溶液 $[\alpha]_D^{20} = 139.2$，即尼古丁为左旋，麦牙糖为右旋物质。比旋光度的大小还与溶剂有关，如尼古丁的水溶液，$[\alpha]_D^{20} = -77°$。

2. 旋光度的影响因素

旋光度与旋光物质的溶液浓度成正比，在其他实验条件相对固定的情况下，可以很方便地利用这一关系来测量旋光物质的浓度及其变化（事先作浓度-旋光度标准曲线）。

旋光度也与样品管长度成正比，通常旋光仪中的样品管长度为 10 cm 或 20 cm 两种，一

般选用 10 cm 长度的，这样换算成比旋光度比较方便，但对于旋光能力比较弱或溶液浓度太稀的样品则须用 20 cm 长的样品管。

旋光度对温度比较敏感，这涉及旋光物质分子不同构型之间平衡态的转变，以及溶剂-溶质分子之间相互作用的改变等内在原因。总的来说，旋光度具有负的温度系数，并且随着温度的升高，温度系数越小，不存在简单的线性关系，且随各种物质的构型不同而异，一般均在 $-(0.01° \sim 0.04°)$ ℃$^{-1}$ 之间。因此在实际测定时，必须对试样进行恒温控制。

旋光度也受光源波长的影响，原则上应选择最灵敏的波长作为光源。实际常用钠光的 D 线（黄，589 nm）作为光源。此外，样品管盖帽不能拧得过紧，应以不漏液体为限，否则会使样品管窗口的光学玻璃受到较大应力，从而产生附加（即"假的"）偏振作用。

二、旋光仪的构造

旋光仪是测定液体试样旋光度的专用仪器，其结构和各部件的作用如图 3.4.1 所示。

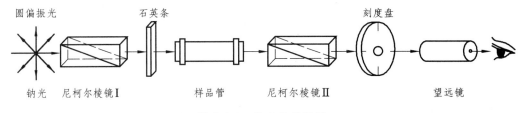

图 3.4.1　旋光仪的构造

尼科尔棱镜 I 称起偏镜，尼科尔棱镜的特点是只允许按某一方向振动的平面偏振光通过。因此，原本垂直于传播方向的各个方向上振动（圆偏振）的钠光，在经过起偏镜后变为一束单一的平面偏振光。

尼科尔棱镜 II 称检偏镜。同理，如果检偏镜的轴向角度与入射的平面偏振光的轴向角度不一致，则透过检偏镜的偏振光将发生衰减甚至不透过。可以假设当一束光经过起偏镜（它是固定不动的）后，平面偏振光沿 OA 方向振动，如图 3.4.2 所示。设 OB 为检偏镜允许偏振光透过的振动方向，OA 与 OB 的交角为 θ，则振幅为 E 的 OA 方向的平面偏振光可分解为两束互相垂直的平面偏振光分量，其振幅分别为 $E\cos\theta$ 和 $E\sin\theta$，其中只有与 OB 方向一致的分量 $E\cos\theta$ 可以透过检偏镜，而与 OB 垂直的分量 $E\sin\theta$ 则不能通过。显然，当 $\theta=0°$ 时，$E\cos\theta=E$，此时透过检偏镜的光最强；而当 $\theta=90°$ 时，$E\cos\theta=0$，此时没有光透过检偏镜。

如果调节检偏镜使其透光的轴向角度与起偏镜的透光轴向角度相垂直，则在检偏镜前观察到的视场呈黑暗，再在起偏镜和检偏镜之间放入一个盛满旋光物质的样品管，由于物质的旋光作用，使原来由起偏镜出来在 OA 方向振动的偏振光转过一个角度 α（如图 3.4.3），这样在 OB 方向上出现一个分量，所以视野不呈黑暗。如果将检偏镜也相应地转过一个 α 角度，这样视野才重新恢复黑暗。因此检偏镜由第一次黑暗到第二次黑暗所转过的角度，即为被测物质的旋光度。由于刻度盘随检偏镜一起同轴转动，就可直接从刻度盘上读出该旋光度值。

如果没有对比，要判断视场的黑暗程度是很困难的，因此在起偏镜后的光路中加入了一块狭长的石英条，其宽度约为视野的 1/3，由于石英条具有旋光性，从石英条中透过的那一部分偏振光被旋转了一个角度φ，而两边的光束未被遮挡，直达样品管。由于这两束光的偏振平面产生了一定的相对角度，在望远镜中能观察到视场的中间部分与两边的亮度不相同，这称为"三分视场"，其明暗亮度相互对比，能十分灵敏地确定旋光度的测定点。

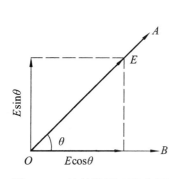

图 3.4.2 检偏镜原理示意图

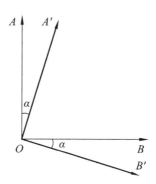

图 3.4.3 物质的旋光作用

三、旋光仪的测定原理

1. 旋光仪测定点的确定

从望远镜中观察三分视场的明暗对比度，可能有以下几种情况，如图 3.4.4 所示：（a）两边明亮，中间稍暗；（b）两边稍亮，中间最暗；（c）两边黑暗，中间稍亮；（d）三分视野消失，整体呈均匀暗场；（e）三分视野消失，整体呈均匀亮场。

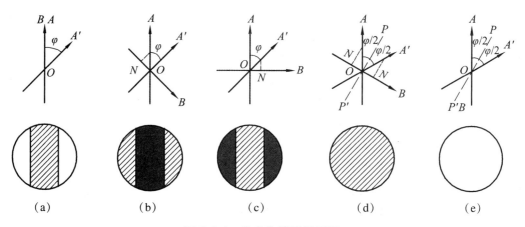

图 3.4.4 旋光仪的测量原理

以上五种情况中，（d）为测定点，视野中三个区域的明暗相等，无明显界限，于该点微量地顺反方向交替转动检偏镜时，视场明暗对比度产生敏锐变化，最利于眼睛的辨别。

2. 偏振光的偏振平面角度与视场亮度的对应关系（图 3.4.4）

图（a）为检偏镜透光轴向角度 OB 与起偏镜透光轴向角度 OA 平行时，对应的视场对比亮度。此时，从起偏镜出来的光完全通过检偏镜，而透过中间石英条的那一部分光，由于被石英条旋转了一个确定的角度 φ（此角称为暗角）而沿 OA' 方向振动，这部分光线只能部分通过检偏镜，所以视场两边明亮，中间较暗。

图（b）为旋转检偏镜使 OB 与 OA' 垂直时，对应的视场对比亮度。此时，透过中间石英条沿 OA' 方向振动的偏振光全部不能通过检偏镜，而两侧沿 OA 振动的偏振光由于在 OB 方向上有一个分量 ON，因而视场两边较亮，中间部分黑暗。

图（c）为旋转检偏镜使 OB 与 OA 垂直时，对应的视场对比亮度。视场两边黑暗，中间较亮，原理同上。

图（d）为旋转检偏镜使 OB 与暗角 φ 的等分线 PP' 垂直时，对应的视场对比亮度。此时，起偏镜和石英条出来的偏振光均只有部分通过检偏镜，因 OA 和 OA' 在 OB 方向上的分量 ON 相等，所以视场两边和中间的亮度相等，并无明显界限，但较暗淡。此即为旋光度的测定点。

图（e）为旋转检偏镜偏振面超过 $90°$ 使 OB 与 PP' 重合时，对应的视场对比亮度。此时，OA 和 OA' 在 OB 方向上的分量仍相等，但该分量太强，视野过亮。此时微量地调节检偏镜，视场明暗变化不敏锐，反而不利于判断三分视野是否消失，因此该视场不是测定点。

当样品管中充满旋光性试液时，偏振光平面的交角与视场对比亮度的对应关系并不发生改变，只是将全部光的偏振面旋转一个 α 角度，从无旋光性液体（如蒸馏水）的测定点，旋转到试液的测定点，两者间的角度差，即为试液的旋光度。

四、旋光仪的使用方法

1. 仪器零点的校正

在正常情况下，若样品管内充满非旋光性液体，在调节到仪器的测定点时，刻度盘的读数应为 $0°$。但是由于各种原因，有时可能使仪器的零点产生偏移。因此，测定前需进行仪器的零点校正。方法为：在样品管中充满蒸馏水，使水面稍呈凸面。然后将玻璃盖片从侧面插盖在管口上，使管内无气泡存在，再套上螺帽，适当旋紧，以不漏为限。擦干两头窗口玻璃片上的水迹，放入仪器的光路中。按照仪器测定点确定的方法测旋光度，即转动刻度盘转动手柄，在望远镜中观察视场，如果视场模糊不清晰，可调节望远镜的焦距使其最清晰为止。转动手柄至视场出现如图 3.4.4（d）所示的均匀暗场，利用刻度盘上附设的游标尺精确读数得测定值，即为校正值。一般应调测三次取平均值，对于正常的仪器，校正值为 $0°$。

利用游标尺精确读取量值：刻度盘分为 180 等份，固定的游标分为 20 等份。读数时先看游标的 0 刻线落在刻度盘上的位置，记下整数值，再看它的刻度线与刻度盘上刻度线最吻合的点，记下游标上的读数作为小数点以后的数值（可参阅福廷式气压计测定大气压读记示值的方法）。

2. 试液旋光度的测定

样品管用少量试液润洗三次，然后充满试液进行测定，方法与校正仪器零点的方法相同，调测三次取平均值，再用校正值修正后即得测定结果。

测定后打开样品管两头的螺帽和玻璃片，弃去试液，用水充分洗净样品管各部分零件，待干后将仪器复原。

第五节　DDS-307 型电导率仪

一、基本原理

电导是电化学中一个重要参量，它不仅反映出电解质溶液中离子状态及其运动的许多信息，而且由于它在稀溶液中与离子浓度之间的简单线性关系，被广泛应用于分析化学和化学动力学过程测试中。

电导 G 为电阻 R 的倒数，电导值实际上是通过测量电阻，然后计算电阻的倒数来求得的：

$$G = \frac{1}{R} = \frac{I}{U} \tag{3.5.1}$$

式中　I——电流；

　　　U——电位差。

电阻的单位为欧姆（Ω），电导的单位称为 Siemens，国际代号为"S"，中文名称为"西门子"，可以用西［门子］表示，简称为"西"。1 S=1 A·V^{-1}，即 1 西=1 安·伏$^{-1}$。

溶液的电阻 R 与两个电极间的距离 L 成正比，而与浸入溶液的电极面积 A 成反比：

$$R = \rho \frac{L}{A} \tag{3.5.2}$$

式中　ρ——电阻率（$\Omega \cdot m$，欧·米，名称为"欧姆米"，其物理意义为两极相距为 1 m、两个电极的面积各为 1 m^2 时溶液所具有的电阻）。

溶液的电导率 κ，是电阻率的倒数：

$$\kappa = \frac{1}{\rho} = G\frac{L}{A} = GK \tag{3.5.3}$$

式中　K—— $K = L/A$，称为电导池常数（也称电极常数）（m^{-1}）。

电导率 κ 的单位是 $\Omega^{-1} \cdot m^{-1}$（欧$^{-1}$·米$^{-1}$）或 S·m^{-1}（西·米$^{-1}$），其物理意义为两极相距为 1 m、两个电极的面积各为 1 m^2 时溶液所具有的电导。

电导值是通过电阻值的测定而得到的，为避免通电时化学反应和极化现象的发生，溶液的电导通常都是用较高频率的交流电桥或者用电阻分压法来测量的。

电导池常数是一个电导池的特征值，但要精确测定电导池中的 L 与 A 值是困难的，一般采用间接的方法来求（L/A）值。将一已知电导率的标准溶液（通常是一定浓度的 KCl 溶液）装入电导池中，在指定温度下，测其电导值 G，再根据 $G = \kappa(L/A)^{-1}$ 求算电解池常数 K。各种浓度 KCl 溶液的电导率列于表 3.5.1 中。

表 3.5.1　25 ℃ 时 KCl 溶液的电导率

浓度 c / mol·L^{-1}	1	0.1	0.01	0.02
电导率 κ / S·m^{-1}	11.17	1.289	0.141 3	0.276 5

二、DDS-307型电导率仪的主要技术参数（图3.5.1）

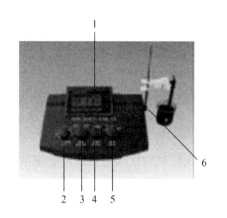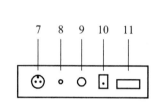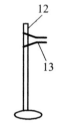

图 3.5.1　DDS－307型电导率仪结构图

1—显示屏；2—量程选择开关旋钮；3—常数补偿调节旋钮；4—校准调节旋钮；5—温度补偿调节旋钮；6—电极梗插座；
7—电极插座；8—输出插口；9—保险丝管座；10—电源开关；11—电源插座；12—电极梗；13—电极夹

该仪器广泛应用于火电、化工化肥、冶金、环保、制药、生化、食品和自来水等溶液中电导率值的连续监测。

DDS-307型电导率仪的主要特点有：

（1）一体化电路设计，性能可靠，数字显示，操作简单。

（2）具有电导电极补偿功能。

（3）具有手动温度补偿功能。

（4）标准 $0 \sim \pm 1$ V 直流信号输出。

三、DDS-307型电导率仪的使用方法

1. 开机

（1）电源线插入仪器电源插座，仪器必须接地良好！

（2）按电源开关，接通电源，预热 30 min 后，进行校准。

2. 校准

仪器使用前必须进行校准！

将量程选择开关旋钮（2）指向"检查"，常数补偿调节旋钮（3）指向"1.0"刻度线，温度补偿调节旋钮（5）指向"25"，调节校准调节旋钮（4），使仪器显示 $100.0\ \mu S \cdot cm^{-1}$，校准完毕。

3. 测量

（1）在电导率测量过程中，正确选择电导电极常数，对获得较高的测量精度是非常重要的。可配用常数为 0.01、0.1、1.0、10 四种不同类型的电导电极，测量时应根据测量范围，

参照表 3.5.2 选择相应常数的电导电极。

表 3.5.2　电导电极测量范围

测量范围/μS·cm^{-1}	推荐使用电导常数的电极
0~2	0.01，0.1
2~200	0.1，1.0
200~2 000	1.0
2 000~20 000	1.0，10
20 000~200 000	10

注：对常数为 1.0、10 类型的电导电极有"光亮"和"铂黑"两种形式，镀铂电极习惯称为铂黑电极。对光亮电极其测量范围为 0~300 μS·cm^{-1} 为宜。

（2）电极常数的设置方法如下：

目前电导电极的电极常数为 0.01、0.1、1.0、10 四种不同类型，但每种类型电极具体的电极常数值，制造厂均粘贴在每支电导电极上，根据电极上所标电极常数值调节仪器面板上常数补偿调节旋钮（3）到相应的位置。

① 将选择开关旋钮（2）指向"检查"，温度补偿调节旋钮（5）指向"25"，调节校准调节旋钮（4），使仪器显示 100.0 μS·cm^{-1}。

② 调节常数补偿调节旋钮（3），使仪器显示值与电极上所标数值一致。例如：

a．电极常数为 0.010 25 cm^{-1}，则调节常数补偿调节旋钮（3），使仪器显示值为 102.5，（测量值=读数值×0.01）。

b．电极常数为 0.102 5 cm^{-1}，则调节常数补偿调节旋钮（3），使仪器显示为 102.5，（测量值=读数值×0.1）。

c．电极常数为 1.025 cm^{-1}，则调节常数补偿调节旋钮（3），使仪器显示为 102.5，（测量值=读数值×1）。

d．电极常数为 10.25 cm^{-1}，则调节常数补偿调节旋钮（3），使仪器显示为 102.5，（测量值=读数值×10）。

（3）温度补偿的设置：

调节仪器面板上温度补偿调节旋钮（5），使其指向待测溶液的实际温度值，此时，测量得到的将是待测溶液经过温度补偿后折算为 25 ℃ 下的电导率值。

如果将温度补偿调节旋钮（5）指向"25"刻度线，那么测量的将是待测溶液在该温度下未经补偿的原始电导率值。

（4）常数、温度补偿设置完毕，应将量程选择开关旋钮（2），按表 3.5.3 置于合适位置。若测量过程中数显值熄灭，则说明该测量值超出量程范围，此时，应切换选择开关旋钮（2）至下一档量程。

表 3.5.3　电导率仪量程的选择

序号	选择开关位置	量程范围/μS·cm^{-1}	被测电导率/μS·cm^{-1}
1	I	0 ～ 20.0	显示读数×C
2	II	20.0 ～ 200.0	显示读数×C
3	III	200.0 ～ 2 000	显示读数×C
4	IV	2 000 ～ 20 000	显示读数×C

注：C 为电导电极常数值。

例：当电极常数为 0.01 cm^{-1} 时，C=0.01；当电极常数为 0.1 cm^{-1} 时，C=0.1；
　　当电极常数为 1.0 cm^{-1} 时，C=1.0；当电极常数为 10 cm^{-1} 时，C=10。

四、注意事项

（1）为确保测量精度，电极使用前应用小于 0.5 μS·cm^{-1} 的蒸馏水（或去离子水）冲洗两次，然后用被测试样冲洗三次方可测量。

（2）电极插头座要绝对防止受潮，以免造成不必要的测量误差。

（3）电极应定期进行常数标定。

第六节　UJ-25 型直流电位差计

一、工作原理

电位差计是按照对消法（或称补偿法）原理设计的一种平衡式电压测量仪器，在测量中，几乎不消耗被测对象的能量，具有很高的测量精密度，它与标准电池、检流计（电流检零器，本实验用万用表代替——检测电压极性变化）配套，成为直流电压测量中的基本仪器。

按对消法原理，设计成最简单的电位差计，电路如图 3.6.1 所示。

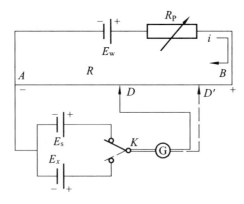

图 3.6.1　UJ-25 型电位差计电路图

E_w 为工作电源，R_p 为可调电阻，AB 为等分均匀的电阻丝，设其总阻值 $R = 1500\ \Omega$，它们组成一个回路，即有电流 i 由 E_w 的正极流出经电阻 R 流回负极，电阻 R 上将产生欧姆电压降，设电流 i 经过标准化的调节（调节 R_p），刚好 $i = 1.000$ mA，则 R 上的总电压降 $U_{AB} = 1\ 500$

$\times 1.000 \times 10^{-3} = 1\,500$ mV。所以若将 AB 分成 1 500 等份，则每一份的电压降应为 1 mV。实现电流 i 标准化调节，可以用标准电池 E_s 与 R 欧姆电压降电路并联，通过万用表 G，再经滑动触头 D 相联通。因为标准电池电动势为 $E_s = 1.018\,3 - (t-20) \times 4.06 \times 10^{-5}$ V，当测定时的室温 $t = 20$ ℃ 时，则 $E_s = 1.018\,3$ V。如果将触头 D 滑动至 AD 间刚好有 1 018.3 mV 的 1 500 份等分的电阻，若此时 $i = 1.000$ mA（标准化电流），则 AD' 间电压降 $U_{AD'} = 1\,018.3$ mV，与标准电池的电动势刚好大小相等，方向相反，二者恰好对消（对消法命名即由此而来），此时用万用表 G 测量电压时电压为零；如果电流 i 不是标准化的（$i = 1.000$ mA），则万用表 G 中电压的极性为正（或负）。此时，可调节可调电阻 R_p，使电流 i 达到标准为止。

然后将电键 K 倒向，接通未知电池 E_x，仍然为并联电路，如图 3.6.1 中虚线所示。滑动触头至 D' 处时，若此时用万用表 G 测得的电压再次为零，又达到对消状态，则 AD' 间的电压降数值即为未知电池的电动势 $E_x = U_{AD'}$，此即测定结果。

二、UJ-25 型电位差计的主要技术参数

UJ-25 型电位差计的外部结构如图 3.6.2 所示，仪器的主要技术参数如下。

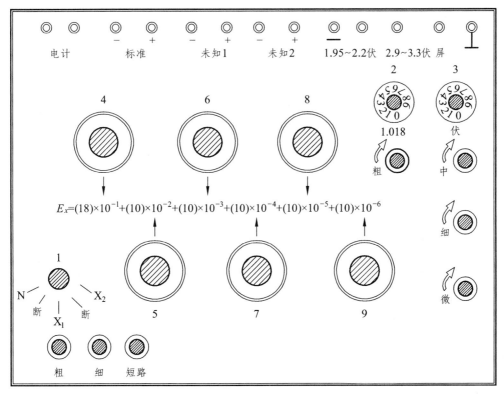

图 3.6.2　UJ-25 型电位差计面板示意图

（1）测量范围：0～1.911 110 V，最小分度 1 μV。

（2）准确度等级：0.01 级（万分之一），即在条件为 18～22 ℃，相对湿度不超过80%的环境下，绝对误差不应超过 δ：

$$\delta = (1 \times 10^{-4} E + 1 \times 10^{-5}) \text{ V}$$

式中 E——电动势的测定示值。

（3）工作电流（也称标准化电流）：0.1 mA。

图中有"电计"、"标准"、"未知 1"、"未知 2"、"2.9～3.3 V"等标志的均为接线柱。

有"粗"、"细"、"短路"标志的均为按钮开关，使用时，按下为接通电路，松起时为断路。"短路"为电计的短路开关。

标号 1 为旋钮式选择开关，选择至 N 时，表示接入标准电池（进行工作电流的标准化）；选择 X_1（或 X_2）时，表示接入被测的"未知 1"（或"未知 2"）电池；标号 2、3 为标准电池电动势温度校正的定值旋钮。

"粗"、"中"、"细"、"微"为校正工作电流的（电阻）旋钮，只有在校正工作电流时才使用。

标号 4、5、6、7、8、9 为测定转盘，旋转时，在相应的窗孔中可示出相应的不同数值，如图 3.6.2 中所示，电动势值 $E_x = 18 \times 10^{-1} + 10 \times 10^{-2} + 10 \times 10^{-3} + 10 \times 10^{-4} + 10 \times 10^{-5} + 10 \times 10^{-6} = 1.91111 \text{ V}$。

三、UJ-25 型电位差计的使用方法

1. 接通各配套电器

选择开关 1 至"断"（路）条件下，将标准电池、万用表、工作电池和被测的电池（未知 1），用导线分别接通在对应的接线柱上，标有"+"、"－"号的，应连接各电器的正负极，如工作电池的电压范围为 2.9～3.3 V，即其正极连接对应的接线柱，负极接在附近的"－"柱上，万用表的黑色表笔插入 COM 插孔，红色插入 VΩmA（测量电压、电阻、毫安电流共用插孔），将两笔跨接在电计接线柱上。

2. 校正工作电流

选择开关 1 旋至"N"以接入标准电池，按室温 t 由下式计算出标准电池的电动势 E_s：

$$E_s = 1.018\,3 - (t - 20) \times 4.06 \times 10^{-3} \text{ V}$$

旋动标准电动势定值旋钮（2 和 3）定电动势 E_s 为计算值（两旋钮下部示出）。

将万用表功能开关置于 DCV 量程 200 mV 处，按下"粗"按钮开关，万用表此时的读数绝对值较大，然后依次旋转调节"粗"、"中"、"细"、"微"旋钮，由零逐渐增加电阻值，万用表显示的数值逐渐减小（绝对值），直至按下"细"按钮万用表读数为 0，此时仪器内部的工作电流即正好为 0.1 mA。

工作电流的校正和检查复核，应随时进行，但选择在 X_1（或 X_2）时，不能再调动这些旋钮。

3. 测量未知电池的电动势

$$E_x = \bigcirc \times 10^{-1} + \bigcirc \times 10^{-2} + \bigcirc \times 10^{-3} + \bigcirc \times 10^{-4} + \bigcirc \times 10^{-5} + \bigcirc \times 10^{-6} \text{ V}$$

↑ ↑ ↑ ↑ ↑ ↑

第一(4)　第二(5)　第三(6)　…　…　第六(9)

测量盘示值窗孔

将选择旋钮开关 1 选至 X_1（接入被测的电池"未知 1"），然后让 4、5、6、7、8、9 等各测量盘均转动至对应的窗孔示值为 0 处。

转动第一测量盘（4），使窗孔示值逐档增加，每增加一档即按下"粗"按钮，并观察万用表上电压的读数及极性，当增加至某一档值时，发现万用表上读数的极性变为相反了，说明电压值超过平衡值，则应退回一档值。

再转动第二测量盘（5），使对应窗孔逐渐增加示值，与前述操作相同，观察万用表上读数的极性，直至极性变为相反，退回一档值。

如上操作，依次调节第三测量盘（6），第四测量盘（7），…，第六测量盘（9）（在万用表读数的绝对值较小时，如从第三测量盘起，可按下"细"按钮），直至按下"细"按钮时，万用表上读数为 0 为止，此时即达到了完全补偿，各测量窗孔示值之和即为被测电池的电动势 E_x。

四、标准电池和万用表

标准电池和万用表是 UJ-25 型电位差计的主要配套仪器，介绍如下：

1. 标准电池

标准电池，要求其性能为：电动势十分稳定，温度系数很小，电池充分可逆。惠斯登（Westen）饱和电池具有以上性能，其结构如图 3.6.3 所示：

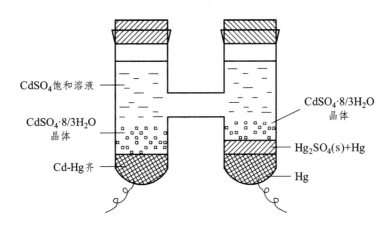

图 3.6.3 Westen 标准电池构造图

图 3.6.3 中 Westen 标准电池的电池表达式为：

$$(-)Cd\text{-}Hg \text{ 齐（12.5\%Cd）} \mid CdSO_4 \cdot \frac{8}{3}H_2O \text{（饱和）} \mid Hg_2SO_4, \ Hg \text{（+）}$$

其电极反应：

正极 $\quad Hg_2SO_4 \text{（s）} + 2e^- \longrightarrow 2Hg + SO_4^{2-}$

负极 $\quad Cd \text{（Cd-Hg 齐）} - 2e^- \longrightarrow Cd^{2+}$

电池反应： $\quad Cd \text{（Cd-Hg 齐）} + Hg_2SO_4 \text{（s）} \longrightarrow CdSO_4 + 2Hg$

电池电动势与温度的关系为：

$$E_s = 1.018\ 3 - (t-20) \times 4.06 \times 10^{-5}\ V$$

式中　t——电池所处环境的温度，即室温（℃）。

使用标准电池注意事项：

（1）避免振动，勿倒置；

（2）通过电池的电流不能大于 0.000 1 A，避免短路和较长时间与外电路接通（只能按通路开关）；

（3）使用的温度范围 - 40～+40 ℃，不宜骤然改变温度；

（4）每 1～2 年应检测一次电动势。

2. 数字式万用表（M-830B 型，内阻 1 MΩ）（图 3.6.4）

它采用二重积分模式转换系统的测量方法，以液晶方式显示读数，最大显示值 1999（即 3 位半数字），具有自动性指示 - 或+（+一般省略）。

使用万用表注意事项（以测量直流电压为例）：

（1）在测量之前不知被测电池电压的范围时应将功能开关置于高量程档，然后逐步降低直至适宜的档位上。

（2）当只在高位数显示"1"或"- 1"时，说明被测值已超过量程，须调高一档。不要测量高于 1000 V 的电压，否则会损坏内部电路。

（3）测定电路未完全对消时，电流较大，应使用串有高电阻的按钮（如 UJ-25 型电位差计的"粗"按钮）。

图 3.6.4　万用表面板示意图

（4）在显示电压读数时会指示出红色表笔的极性。

（5）万用表暂不使用时，应将功能开关置于 OFF 处（短路），以延长表内电池使用寿命。

本实验在测量时，将万用表功能开关置于 DCV 200 mV 档上，电流的满刻度为 200.0×10^{-9} A，最小分度为 1×10^{-10} A，符合原检流计采用的相应灵敏度档（<1.5×10^{-10} A）。

五、盐桥及其制备方法

在设计布置双液原电池时，常需使用盐桥装置以消除液接电位。盐桥中导电介质应使用正负离子迁移数接近相等的电介质，同时也不与电池液产生化学反应，常用的有 KCl、NH_4NO_3 等。以制备饱和 KCl 盐桥为例：

在 100 mL 烧杯中放入 50 mL 蒸馏水和约 1 g 琼脂，加热使琼脂完全溶解（～2%溶液），再逐步加入 KCl 搅溶，直至饱和为止，趁热用滴管吸入 U 形管（直径为 0.4～0.8 cm）中，管口向上，装满液体后移入冷水中凝固即成。在装溶液时，管中不得有气泡存在，管口不得形成凸（凹）形液面。制成的饱和 KCl 盐桥，存放入饱和 KCl 溶液中备用，使用时，用滤纸将玻璃管外壁拭干净。

第七节 电化学分析测量仪（电化学工作站）

电化学测量是物理化学实验中的一个重要手段。随着数字和电子技术的高速发展，电化学测量仪器也在不断发展、更新。传统的由模拟电路的恒电位仪、信号发生器和记录装置组成的电化学测量装置已被由计算机控制的电化学测量装置所替代。下面以 LK98 系列电化学工作站为例，说明现代电化学测量仪器的原理和实验方法。

一、工作原理

LK98 微机电化学分析系统采用组合式结构，分为微机系统和电化学主机两部分。在全汉化系统工作站中，窗口菜单均用中文管理和提示：设定电化学分析方法，选择实验参数，I/O 口管理，数据处理，图像显示，中文打印分析结果。微机和主机之间采用串口通信，以控制 Mcs80c196 十六位单片机系统施加于电化学池的起始电位、终止电位、电势增量、扫描速度、脉冲幅度、方法周期等实验参数以及控制实验进程，实验数据通过 I/O 传递给工作站进行处理。LK98 微机电化学分析系统可进行电位阶跃、线性扫描、现代方波（Osteryoung方波）、脉冲波（差分、常规脉冲）、恒电流（电流阶跃、电流扫描）等 30 多种电化学研究和分析方法。

二、硬件技术指标

（1）扫描速度：$0.001 \sim 50$ $V \cdot s^{-1}$

（2）电位范围：$-4.096 \sim +4.096$ V

（3）恒电流范围：± 2 μA $\sim \pm 100$ mA

（4）电势增量：$0.001 \sim 4.095$ V

（5）脉冲幅度：$0.001 \sim 4.096$ V

（6）脉冲周期：$0.1 \sim 1$ s

（7）脉冲间隔：$0.1 \sim 1\,000$ s

（8）方波周期：$0.02 \sim 1$ s

（9）方波幅度：$0.001 \sim 4.096$ V

（10）I/ V 变化范围：

$\pm$ mA/ V 级：100 mA、50 mA、20 mA、10 mA、5 mA、2 mA

$\pm$ μA/ V 级：1 000 μA、500 μA、200 μA、100 μA、50 μA、20 μA、10 μA、

5 μA、2 μA、1 μA、0.5 μA、0.2 μA（最小测量电流 200 pA）

（11）极化槽压：± 60 V

（12）搅拌时间：$1 \sim 1\,000$ s

（13）静止时间：$1 \sim 1\,000$ s

（14）通氮时间：$1 \sim 1\,000$ s

（15）参比电极输入阻抗：$\geqslant 10^{12}\ \Omega$

（16）μA 级电流输入阻抗：$\geqslant 10^{12}\ \Omega$

三、主机硬件组成

LK98 微机电化学分析系统主机是由 Mcs－80c196 单片机系统、扫描发生器和恒电位/恒电流电路、mA 级和 μA 级 I/ V（电流/电压）转换电路、电压放大和滤波电路、iR 降补偿和基线扣除电路、高速数据采集电路以及电源电路等几部分组成的，见图 3.7.1。

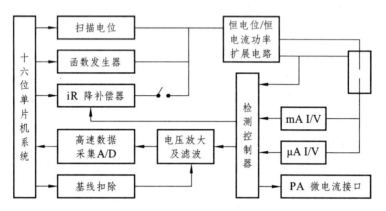

图 3.7.1　LK98 主机框图

附 录

附录 1 希腊字母表

序 号	大写字母	小写字母	中文注音	序 号	大写字母	小写字母	中文注音
1	A	α	阿尔法	13	N	ν	纽
2	B	β	贝塔	14	Ξ	ξ	克西
3	Γ	γ	伽马	15	O	o	奥秘克戒
4	Δ	δ	德尔塔	16	Π	π	派
5	E	ε	伊普西龙	17	P	ρ	柔
6	Z	ζ	截塔	18	Σ	σ	西格马
7	H	η	艾塔	19	T	τ	套
8	Θ	θ	西塔	20	Υ	υ	宇普西龙
9	I	ι	约塔	21	Φ	φ	斐
10	K	κ	卡帕	22	X	χ	喜
11	Λ	λ	兰布达	23	Ψ	ψ	普西
12	M	μ	缪	24	Ω	ω	欧米伽

附录 2 我国高压气体钢瓶标记

序 号	气 体	钢瓶颜色	瓶上所标字样	瓶上所标字样颜色
1	O_2	天蓝	氧	黑
2	H_2	深绿	氢	红
3	N_2	黑	氮	黄
4	Ar	灰	氩	绿
5	Cl_2	草绿	氯	白黄
6	NH_3	黄	氨	黑
7	CO_2	黑	CO_2	黄
8	C_2H_2	白	C_2H_2	红
9	压缩气体瓶（冷气）	黑	冷气	白
10	氟利昂	银灰	氟利昂	黑
11	其他可燃气体	红	—	白
12	其他不可燃气体	黑	—	黄

附录3　0.02 mol·L^{-1} KCl溶液的电导率

温度 /°C	电导率 / S·m^{-1}	温度 /°C	电导率 / S·m^{-1}	温度 /°C	电导率 / S·m^{-1}	温度 /°C	电导率 / S·m^{-1}
0	0.152 1						
1		11	0.204 3	21	0.255 3	31	
2		12	0.209 3	22	0.260 6	32	
3		13	0.211 2	23	0.265 9	33	
4		14	0.219 3	24	0.271 2	34	
5	0.175 2	15	0.224 3	25	0.276 5	35	0.331 3
6		16	0.229 4	26	0.281 9	36	0.336 8
7		17	0.234 5	27	0.287 3	37	
8		18	0.239 7	28	0.292 7	38	
9		19	0.244 9	29	0.298 1	39	
10	0.199 4	20	0.250 1	30	0.303 6	40	

附录4　水的饱和蒸气压、密度、黏度和表面张力

温度/°C	饱和蒸气压		密度 / kg·m^{-3}	黏度 / 10^{-3} N·s·m^{-2}	表面张力 / 10^{-3} N·m^{-1}
	/ mmHg	/ Pa			
0	4.579	610.5	999.839 5	1.792 1	75.64
1	4.926	656.7	999.898 5	1.731 3	
2	5.294	705.8	999.939 9	1.672 8	
3	5.685	757.9	999.964 2	1.619 1	
4	6.101	813.4	999.972 0	1.567 4	
5	6.543	827.3	999.963 8	1.511 8	74.92
6	7.013	935	999.940 2	1.472 8	
7	7.513	1 001.6	999.901 5	1.428 4	
8	8.045	1 072.6	999.848 2	1.386 0	
9	8.609	1 147.8	999.780 8	1.346 2	
10	9.209	1 227.8	999.699 6	1.307 7	74.22
11	9.844	1 312.4	999.605 1	1.271 3	74.07
12	10.518	1 402.3	999.497 4	1.236 3	73.93
13	11.231	1 497.3	999.377 1	1.202 8	73.78
14	11.987	1 598.1	999.244 4	1.170 9	73.64
15	12.788	1 704.9	999.099 6	1.140 4	73.49
16	13.634	1 817.7	998.943 0	1.111 1	73.34
17	14.53	1 937.2	998.774 9	1.082 8	73.19
18	15.477	2 063.4	998.595 6	1.055 9	73.05
19	16.477	2 196.8	998.405 2	1.029 9	72.9
20	17.535	2 337.8	998.204 1	1.005 0	72.75
21	18.65	2 486.5	998.992 5	0.981 0	72.59
22	19.827	2 643.4	997.770 5	0.957 9	72.44
23	21.068	2 808.8	997.538 5	0.935 8	72.28
24	22.377	2 983.4	997.296 5	0.941 2	72.13
25	23.756	3 167.2	997.044 9	0.893 7	71.97
26	25.209	3 360.9	996.783 7	0.873 7	71.82
27	26.739	3 564.9	996.513 2	0.854 5	71.66
28	28.349	3 779.6	996.233 5	0.836 0	71.5
29	30.043	4 005.4	995.944 5	0.818 0	71.35
30	31.824	4 242.8	995.647 3	0.800 7	71.18

续表

| 温 度/℃ | 饱和蒸气压 | | 密度 | 黏度 | 表面张力 |
	/ mmHg	/ Pa	/ kg·m^{-3}	/ 10^{-3} N·s·m^{-2}	/ 10^{-3} N·m^{-1}
31	33.695	4 492.3	995.341 0	0.784 0	
32	35.663	4 754.7	995.026 2	0.767 9	
33	37.729	5 030.1	994.371 5	0.752 3	
34	39.898	5 319.3	994.203 0	0.737 1	
35	41.167	5 489.5	994.031 9	0.722 5	70.38
36	44.563	5 941.2	993.684 2	0.708 5	
37	47.067	6 275.1	993.328 7	0.694 7	
38	49.692	6 625.0	992.965 3	0.681 4	
39	52.442	6 991.7	992.594 3	0.668 5	
40	55.324	7 375.9	992.215 8	0.656 0	69.56
41	58.34	7 778.0	991.829 8	0.643 9	
42	61.5	8 199.3	991.436 4	0.632 1	
43	64.8	8 639.3	991.035 8	0.620 7	
44	68.26	9 100.6	990.628 0	0.609 7	
45	71.88	9 583.2	990.213 2	0.598 8	68.74
46	75.65	10 086	989.791 4	0.588 3	
47	79.6	10 612	989.362 8	0.578 2	
48	83.71	11 160	988.927 3	0.568 3	
49	88.02	11 735	988.485 1	0.558 8	
50	92.51	12 334	988.036 3	0.549 4	67.91

附录 5 一些液体的表面张力和对水的界面张力（20 ℃）

物 质	表面张力 $\sigma_{空气}$ / 10^{-3} N·m^{-1}	界面张力 $\sigma_水$ / 10^{-3} N·m^{-1}	物 质	表面张力 $\sigma_{空气}$ / 10^{-3} N·m^{-1}	界面张力 $\sigma_水$ / 10^{-3} N·m^{-1}
水	72.75		棉子油	35.4	
苯	28.88	35.0	橄榄油	35.8	22.8
乙 醇	22.72		蓖麻油	39.8	
乙二醇	46.0		汞	484	375
甘 油	63.0		四氯化碳		45.0
液体石蜡	33.1	53.1	乙 醚		9.7

附录 6 水和一些液体的折光率

（1）水的折光率

温度/ ℃	折光率	温度/ ℃	折光率	温度/ ℃	折光率	温度/ ℃	折光率
0	1. 333 95	9		18	1. 333 16	27	1. 332 31
1		10	1. 333 68	19	1. 333 08	28	1. 332 19
2		11		20	1. 333 00	29	1. 332 06
3		12		21	1. 332 92	30	1. 331 94
4	1. 333 88	13		22	1. 332 83		
5		14		23	1. 332 74		
6		15	1. 333 37	24	1. 332 64		
7		16	1. 333 30	25	1. 332 54		
8		17	1. 333 23	26	1. 332 43		

（2）一些液体的折光率

物　质	温度/ ℃	折光率	物　　质	温度/ ℃	折光率
丙　酮	15	1.361 6	四氯化碳	20	1.460 3
乙　酸	15	1.373 9	苯	20	1.501 2
	20	1.369 8		25	1.493 1
2, 2, 4-三甲基戊烷	20	1.391 5	氯　苯	20	1.524 7
	25	1.389 0	二碘甲烷	15	1.744 3

附录 7　一些物质的比旋光度

物　质	溶　剂	$[\alpha]_D^{20}$	物　　质	溶　剂	$[\alpha]_D^{20}$
半乳糖	水	+ 83.9	酒石酸钾	水	+ 27.1
蔗糖	水	+ 66.6	蛋白质	水	− 20 ～ − 30
樟脑	乙醚	+ 57.0	左旋葡萄糖（B）	水	− 51.4
	苯	+ 56.0	尼古丁（烟碱）	水	− 77
	乙醇	+ 54.4		苯	− 146
右旋葡萄糖	水	+ 52.5	果糖	水	+ 91.9
乳糖	水	+ 52.4	硫酸奎宁	水	− 214

参考资料

［1］复旦大学，等．物理化学实验．3 版．庄继华，等，修订．北京：高等教育出版社，2005.
［2］张春晔，赵谦．物理化学实验．南京：南京大学出版社，2006.
［3］蒋月秀，龚福忠，李俊杰．物理化学实验．上海：华东理工大学出版社，2005.
［4］李桂芳，宋红，等．物理化学实验．西南交通大学实验讲义，2001.

物理化学实验报告

实验名称：凝固点降低法测定摩尔质量　　　实验成绩：_____

班级：_____　　　指导教师：_____

学号：_____　　　实验日期：_____

姓名：_____　　　合作者姓名：_____

一、实验目的

二、实验仪器及试剂

三、实验原理

四、实验步骤

五、原始数据记录

自行设计实验数据记录表，正确记录全套原始数据并填入演算结果：

六、数据处理

1. 计算室温 $t\,^\circ\mathrm{C}$ 时环己烷密度，计算公式：$\rho/\mathrm{g}\cdot\mathrm{cm}^{-3}=0.797\,1-0.887\,9\times10^{-3}\,t/^\circ\mathrm{C}$：

2. 方法一，根据测得的环己烷和溶液的凝固点，计算萘的摩尔质量：

3．方法二，列表记录时间-温度数据，并画出纯溶剂和溶液的步冷曲线，用外推法求凝固点（如图 2.1.2 所示)。然后求出凝固点降低值 ΔT_f，计算萘的摩尔质量：

七、误差分析与结果讨论

八、思考题

1．如溶质在溶液中离解、缔合和生成配合物，对摩尔质量测定值有何影响？

2．加入溶质的量太多或太少有何影响？

3．为什么会有过冷现象产生？

贴图区：

物理化学实验报告

实验名称：燃烧热的测定   实验成绩：_____

班级：_____   指导教师：_____

学号：_____   实验日期：_____

姓名：_____   合作者姓名：_____

一、实验目的

二、实验仪器及试剂

三、实验原理

四、实验步骤

五、原始数据记录

室温 $t =$ _____ °C；实验温度 $T =$ _____ K；苯甲酸质量 = _____ g；
点火丝质量 = _____ g；剩余点火丝质量 = _____ g；燃掉的点火丝质量 = _____ g；

序号	温差/ K	序号	温差/ K	序号	温差/ K	序号	温差/ K	序号	温差/ K
1		11		21		31		41	
2		12		22		32		42	
3		13		23		33		43	
4		14		24		34		44	
5		15		25		35		45	
6		16		26		36		46	
7		17		27		37		47	
8		18		28		38		48	
9		19		29		39		49	
10		20		30		40		50	

六、数据处理

已知：点火铁丝的燃烧热：$q_{丝} = -1\,600\,\text{J}\cdot\text{g}^{-1}$；量热计常数：$C = 14.644\,\text{kJ}\cdot\text{K}^{-1}$。

1．在平面直角坐标纸上作雷诺温度校正图，求出校正后的 $\Delta T = $ _____ K。

2．计算苯甲酸的 Q_V（请代入具体实验数据）：

3．计算苯甲酸的 Q_p（请代入具体实验数据）：

4．已知苯甲酸燃烧热理论值 $Q_p = -3\,226.7\,\text{kJ}\cdot\text{mol}^{-1}$，计算相对误差：

七、误差分析与结果讨论

八、思考题

1．什么是雷诺温度校正？为什么要进行雷诺温度校正？

2．粉末状样品为什么要压成片状？

3．写出苯甲酸燃烧的化学反应式。如何根据实验测得的 Q_V 求 Q_p？其中 Δn 值如何确定？

4．为什么 3 L 水要准确量取，且将水倒入内水桶时不能外溅？

贴图区：

物理化学实验报告

实验名称：纯液体饱和蒸气压的测量　　实验成绩：＿＿＿＿＿＿＿＿＿

班级：＿＿＿＿＿＿＿＿＿　　　　　　指导教师：＿＿＿＿＿＿＿＿＿

学号：＿＿＿＿＿＿＿＿＿　　　　　　实验日期：＿＿＿＿＿＿＿＿＿

姓名：＿＿＿＿＿＿＿＿＿　　　　　　合作者姓名：＿＿＿＿＿＿＿＿

一、实验目的

二、实验仪器及试剂

三、实验原理

四、实验步骤

五、原始数据记录

自行设计实验数据记录表，正确记录全套原始数据并填入演算结果：

六、数据处理

1．温度的正确测量是本实验的关键之一，将温度计作露茎校正（请参阅第三章第三节）。

2．在平面直角坐标纸上，以蒸气压 p 对温度 T 作图。

3．从 $p\text{-}T$ 曲线中均匀读取 10 个点，列出相应的数据表，然后绘出 $\lg\dfrac{p}{p^{\ominus}}$ 对 $1/T$ 的直线图。由直线斜率计算被测液体在实验温度区内的平均摩尔汽化热：

4．由曲线求得样品的正常沸点，已知文献值环己烷沸点 b.p.=80.75 ℃，计算相对误差：

七、误差分析与结果讨论

八、思考题

1．要想得到准确的实验结果，其关键操作是哪一步？

2．怎样判断平衡管 a 液面上方的空气被排净？若未被驱除干净，对实验结果有何影响？

3．如何防止 U 形管中的液体倒灌入平衡管 a 中？若倒灌时带入空气，实验结果有何变化？

4．本实验方法是否能用于测定混合溶液的蒸气压？

5．为什么实验完毕后必须使体系和真空泵与大气相通后才能关闭真空泵？

贴图区：

物理化学实验报告

实验名称：挥发性双液系气-液平衡相图的测绘　　实验成绩：＿＿＿＿＿＿＿＿

班级：＿＿＿＿＿＿＿＿　　　　　　　　　　指导教师：＿＿＿＿＿＿＿＿

学号：＿＿＿＿＿＿＿＿　　　　　　　　　　实验日期：＿＿＿＿＿＿＿＿

姓名：＿＿＿＿＿＿＿＿　　　　　　　　　　合作者姓名：＿＿＿＿＿＿＿＿

一、实验目的

二、实验仪器及试剂

三、实验原理

四、实验步骤

五、数据记录

室温 $t =$ _____ ℃；大气压 $p=$ _____ kPa；仪器校正值 = _____

混合液编号	沸点/℃	气相冷凝液（读至小数点后第四位）			液　相（读至小数点后第四位）		
		n_D^t	n_D^{15}	环己烷组成 x	n_D^t	n_D^{15}	环己烷组成 x
1							
2							
3							
4							
5							
6							
7							
8							
9							
10							

六、数据处理

1．在平面直角坐标纸上，以组成为 x（环己烷的摩尔分数），折光率为 y，绘制 15 ℃ 时乙醇-环己烷体系的组成-折光率对应关系标准曲线。

2．将在室温下测定的折光率换算成 15 ℃ 下的数据，并填入上表；
用内插法，从标准曲线上查出各不同浓度混合液气相和液相的组成 x，并填入上表。

3．在平面直角坐标纸上绘制温度-组成图。由相图确定：
乙醇-环己烷体系的最低恒沸点=_____ ℃

恒沸物组成：环己烷（_____%）＋ 乙醇（_____%）

七、误差分析与结果讨论

八、思考题

1．为什么取样用的吸管和阿贝折光仪每次使用后必须洗净、干燥，而更换不同组分的混合液时，蒸馏烧瓶只需倒净溶液即可？

2．在测沸点时，溶液沸腾之后，沸点始终不稳定，不断地缓慢上升，可能是什么原因造成的？如何避免？

3．试讨论本实验的主要误差来源。

贴图区：

物理化学实验报告

实验名称：原电池电动势温度系数的测定 实验成绩：＿＿＿＿＿＿＿＿

班级：＿＿＿＿＿＿＿＿ 指导教师：＿＿＿＿＿＿＿＿

学号：＿＿＿＿＿＿＿＿ 实验日期：＿＿＿＿＿＿＿＿

姓名：＿＿＿＿＿＿＿＿ 合作者姓名：＿＿＿＿＿＿

一、实验目的

二、实验仪器及试剂

三、实验原理

四、实验步骤

五、原始数据记录

ZnSO$_4$溶液浓度 =_____

序号	温度/°C	电动势 E /V	$\Delta_r G_m$ /kJ·mol^{-1}	$\Delta_r S_m$ /kJ·mol^{-1}	$\Delta_r H_m$ /kJ·mol^{-1}
1					
2					
3					
4					
5					
6					

六、数据处理

以温度 T 为横坐标，电动势 E 为纵坐标，在平面直角坐标纸上作 E-T 图，从 E-T 直线求出斜率 $(\partial E / \partial T)_p$，由此计算电池反应在一定温度下的 $\Delta_r G_m$、$\Delta_r S_m$ 和 $\Delta_r H_m$ 值：

七、误差分析与结果讨论

八、思考题

1. 组装原电池时有些原电池要使用盐桥，有些不要，为什么？如何选用盐桥电解质？

贴图区：

物理化学实验报告

实验名称：铁的极化和钝化曲线的测定　　实验成绩：＿＿＿＿＿＿＿＿

班级：＿＿＿＿＿＿＿＿　　　　　　　　指导教师：＿＿＿＿＿＿＿＿

学号：＿＿＿＿＿＿＿＿　　　　　　　　实验日期：＿＿＿＿＿＿＿＿

姓名：＿＿＿＿＿＿＿＿　　　　　　　　合作者姓名：＿＿＿＿＿＿＿

一、实验目的

二、实验仪器及试剂

三、实验原理

四、实验步骤

五、原始数据记录

自行设计实验数据记录表，正确记录全套原始数据并填入演算结果：

六、数据处理

1．用半对数坐标纸作阳极极化曲线和阴极极化曲线，由两条切线的交点 p，求自腐蚀电位 E_{COR}、自腐蚀电流 I_{COR}、自腐蚀电流密度 J_{COR} 和自腐蚀速度 v。

$$v = \frac{M}{nF}J_{COR} = 3.73 \times 10^{-4}\frac{M}{n}J_{COR}$$

式中　v——自腐蚀速度（$g \cdot m^{-2} \cdot h^{-1}$）；

　　　J_{COR}——自腐蚀电流密度（$\mu A \cdot cm^{-2}$）；

　　　n——金属的价数；

　　　F——法拉第常数（96 487 $C \cdot mol^{-1}$）。

2．比较 Fe 电极在蒸馏水、$1\,mol \cdot L^{-1}\,H_2SO_4$、$1\,mol \cdot L^{-1}\,H_2SO_4 + 0.5\,mol \cdot L^{-1}$ 硫脲溶液中的 E_{COR}、I_{COR} 和自腐蚀速度 v。

七、误差分析与结果讨论

八、思考题

1．从极化电势的改变，如何判断所进行的极化是阳极极化还是阴极极化？

2．为何加入金属缓蚀剂后可以降低金属的自腐蚀？有哪些常用金属腐蚀剂？

3．做好本实验的关键有哪些？

4．影响金属钝化过程的因素有哪些？

贴图区：

物理化学实验报告

实验名称：<u>旋光法测定蔗糖水解反应速率常数</u>　　实验成绩：_____

班级：_____　　　　　　　指导教师：_____

学号：_____　　　　　　　实验日期：_____

姓名：_____　　　　　　　合作者姓名：_____

一、实验目的

二、实验仪器及试剂

三、实验原理

四、实验步骤

五、数据记录

室　　温 =_____℃;　　　盐酸浓度 =_____ mol·L^{-1};

仪器零点 =_____°;　　　α_∞ 平均值 =_____°

t / min	10	20	30	40	50	60	75	90
α_t / °								
$\alpha_t - \alpha_\infty$ / °								
$\ln(\alpha_t - \alpha_\infty)$								

注：若实验温度高于 25 ℃，可按以下时间间隔测量旋光度：5、15、20、25、30、40、50、60（min）。

六、数据处理

根据上表数据，在平面直角坐标纸上，以 $\ln(\alpha_t - \alpha_\infty)$ 对 t 作图。

1．由直线斜率=_____，得反应速率常数 k =_____;

2．计算反应半衰期 $t_{1/2}$（请代入实验具体数据）：

3．由直线截距=_____，计算 α_0 (请代入具体实验数据)：

七、误差分析与结果讨论

八、思考题

1．为什么本实验可用溶液旋光度随时间的变化来度量反应的进度？

2．在混合蔗糖溶液和盐酸时，是将盐酸加到蔗糖溶液里去，可否将蔗糖溶液加到盐酸中去？为什么？

3．在测定中，如果错过了表中拟定的某一时间未及时测定，是否该点就任其空白？正确的做法应如何处理？

4．在测定 α_∞ 时，为何要将溶液冷却至室温？

贴图区：

物理化学实验报告

实验名称：电导法测定乙酸乙酯皂化反应活化能　　实验成绩：＿＿＿＿＿＿＿＿

班级：＿＿＿＿＿＿＿＿　　　　　　　　　　　指导教师：＿＿＿＿＿＿＿＿

学号：＿＿＿＿＿＿＿＿　　　　　　　　　　　实验日期：＿＿＿＿＿＿＿＿

姓名：＿＿＿＿＿＿＿＿　　　　　　　　　　　合作者姓名：＿＿＿＿＿＿＿

一、实验目的

二、实验仪器及试剂

三、实验原理

四、实验步骤

五、原始数据记录

初始浓度 $c_0 =$ _____ $mol \cdot L^{-1}$ ；   电极常数 = _____ cm^{-1}

t / min	0.5	1	1.5	2.5	4	5	6	8	10	13	16	20
$\kappa_{t1} / \mu S \cdot cm^{-1}$ (____ ℃)												
$\kappa_{t2} / \mu S \cdot cm^{-1}$ (____ ℃)												

六、数据处理

1. 在平面直角坐标纸上，以 G_t 对 t 作图，得一条平滑曲线，反向延长将该曲线外推至反应开始时间（ $t = 0$ ），分别求得两个温度下的起始电导：

$G_{01} =$ _____ ； $G_{02} =$ _____ 。

2. 在平面直角坐标纸上，以 G_t 对 $(G_0 - G_t)/t$ 作图。

t / min	0.5	1	1.5	2.5	4	5	6	8	10	13	16	20
$G_{t1} / \mu S$												
$(G_{01} - G_{t1})/t$ $/ \mu S \cdot min^{-1}$												
$G_{t2} / \mu S$												
$(G_{02} - G_{t2})/t$ $/ \mu S \cdot min^{-1}$												

由直线斜率 $a_1=$_____，直线斜率 $a_2=$_____，分别求得两个温度下的反应速率常数，$k_1=$_____；$k_2=$_____。

3．计算乙酸乙酯皂化反应的活化能 E_a（请代入具体实验数据）：

4．已知乙酸乙酯皂化反应活化能文献值 $E_a = 46\,kJ\cdot mol^{-1}$，计算相对误差：

七、误差分析与结果讨论

八、思考题

1．被测溶液的电导是哪些离子的贡献？反应进程中的电导为何发生变化？

2．为什么要使两溶液尽快混合完毕？开始一段时间的测定间隔为什么要短？

3．乙酸乙酯的皂化反应为吸热反应，在实验过程中如何处置这一影响而使实验得到较好的结果？

贴图区：

物理化学实验报告

实验名称：最大泡压法测绘液体表面张力等温线　　实验成绩：＿＿＿＿＿＿＿

班级：＿＿＿＿＿＿＿　　　　　　　　　　　　指导教师：＿＿＿＿＿＿＿

学号：＿＿＿＿＿＿＿　　　　　　　　　　　　实验日期：＿＿＿＿＿＿＿

姓名：＿＿＿＿＿＿＿　　　　　　　　　　　　合作者姓名：＿＿＿＿＿＿

一、实验目的

二、实验仪器及试剂

三、实验原理

四、实验步骤

五、原始数据记录

乙醇溶液浓度%	$h_{高}$ / m	$h_{低}$ / m	$\Delta \bar{h}$ / m	乙醇溶液浓度%	$h_{高}$ / m	$h_{低}$ / m	$\Delta \bar{h}$ / m
0				40			
	$\bar{h} =$	$\bar{h} =$			$\bar{h} =$	$\bar{h} =$	
10				60			
	$\bar{h} =$	$\bar{h} =$			$\bar{h} =$	$\bar{h} =$	
20				80			
	$\bar{h} =$	$\bar{h} =$			$\bar{h} =$	$\bar{h} =$	
30					实验温度：_____ °C		
	$\bar{h} =$	$\bar{h} =$					

六、数据处理

1．计算仪器常数 K（请代入具体实验数据）：

2．按最大泡压法测定液体表面张力的有关公式，由测定的各 $\Delta\overline{h}$ 值计算出各种浓度乙醇溶液的表面张力 σ，将数据整理，并填入下表：

乙醇溶液浓度%	0	10	20	30	40	60	80
$\sigma / \text{N} \cdot \text{m}^{-1}$							

3．在平面直角坐标纸上绘出乙醇溶液表面张力等温线。

4．根据乙醇溶液表面张力等温线图形可知，乙醇属于第____类_____物质。

七、误差分析与结果讨论

八、思考题

1．为什么要求毛细管下端口与液面相切？插深或浅一些有何不可？

2．滴水抽气装置放水速度过快对实验结果有没有影响？为什么？

3．为什么最好的测定顺序是先测稀溶液后测浓溶液？

4．玻璃仪器的清洁和温度的恒定与否对测量数据有何影响？

贴图区：

物理化学实验报告

实验名称：电导法测定水溶性表面活性剂的临界胶束浓度　　实验成绩：＿＿＿＿＿＿＿＿

班级：＿＿＿＿＿＿＿＿＿＿　　　　　　　　　　　　指导教师：＿＿＿＿＿＿＿＿

学号：＿＿＿＿＿＿＿＿＿＿　　　　　　　　　　　　实验日期：＿＿＿＿＿＿＿＿

姓名：＿＿＿＿＿＿＿＿＿＿　　　　　　　　　　　　合作者姓名：＿＿＿＿＿＿＿

一、实验目的

二、实验仪器及试剂

三、实验原理

四、实验步骤

五、原始数据记录

实验温度=＿＿＿＿ ℃；电极常数=＿＿＿＿ cm^{-1}；溶液原始浓度=＿＿＿＿ $mol \cdot L^{-1}$

编　号	1	2	3	4	5	6	7	8	9	10
$V_{标液}$ / mL										
$V_{总}$ / mL										
c / $mol \cdot L^{-1}$										
κ / $\mu S \cdot cm^{-1}$										

六、数据处理

1．在平面直角坐标纸上绘出 $\kappa\text{-}c$ 关系曲线图。

2．由曲线图上找到拐点，得出十二烷基硫酸钠溶液 CMC=_____。

七、误差分析与结果讨论

八、思考题

1．盛液前，锥形瓶和电导电极可否不必拭干水迹？为什么？

2．如果 $\kappa\text{-}c$ 曲线上未出现明显拐点，不能确定 CMC，可能是什么原因造成的？应如何处理？

3．配制十二烷基硫酸钠溶液时为什么要用电导水？

4．聚氧乙烯类等非离子表面活性剂能否用本实验方法测临界胶束浓度？为什么？

贴图区：